少儿百科探秘

SHAOER BAIKE TANMI

武器和科技

WUQI HE KEJI

张 哲 编著

中国出版集团 现代出版社

图书在版编目（CIP）数据

武器和科技 / 张哲编著. —北京：现代出版社，
2013.1
（少儿百科探秘）
ISBN 978-7-5143-1075-7

I. ①武… II. ①张… III. ①武器—少年读物②科技—
少年读物 IV. ①E92-49②N49

中国版本图书馆 CIP 数据核字（2012）第 293092 号

少儿百科探秘
SHAOER BAIKE TANMI

武器和科技
W U Q I   H E   K E J I

作　　者	张　哲	
责任编辑	袁　涛	
出版发行	现代出版社	
地　　址	北京市安定门外安华里 504 号	
邮政编码	100011	
电　　话	(010) 64267325	
传　　真	(010) 64245264	
电子邮箱	xiandai@cnpitc.com.cn	
网　　址	www.modernpress.com.cn	
印　　刷	汇昌印刷（天津）有限公司	
开　　本	700×1000　1/16	
印　　张	10	
版　　次	2013 年 1 月第 1 版　2021 年 3 月第 3 次印刷	
书　　号	ISBN 978-7-5143-1075-7	
定　　价	29.80 元	

　　战争是一种错综复杂的社会现象，是许多因素相互作用、相互联系的整体，但归根结底只有人和武器才是它的基本要素。要想赢得一场战争的胜利，先进的武器装备必不可少，而最终决定战争胜负的是人，不是武器。无论战争形态如何变化，都需要靠人来掌握和使用武器装备。武器装备越是发展，技术越是复杂，对人的素质要求越高。

　　历史上，每一种久经战阵的武器都记载着一段远去的历史和不老的传奇，战争或许来了又走，而武器却永远"忠诚"于它们残酷的"使命"，在尸横遍地和鲜血飞溅中彰显着自己存在的意义。武器的历史可以追溯到人类刚刚学会使用石块和木棒的时期。在那个时代，人类为了自身的生存，手中的猎食工具很可能在某些场合变成了同类自相残杀的武器。但是，武器及武器技术真正进入迅猛发展的阶段则是在数百年前。

　　当人类告别血淋淋的冷兵器时代，欢天喜地迎接热兵器时代或者文明时代到来的时候，这才发现，武器技术的发展所带来的一切并不当初想象的那般美好，它是一把闪闪发光的双刃剑。

　　历史的车轮滚滚向前，科技的发展日新月异，武器也在以飞快的速度向着高、精、尖的顶峰迈进。这是一本全面介绍军事常识、武器装备的百科图书，无论是古代的刀戈剑戟和现代的高科技武器都将在这里为您一一呈现。让我们共同开始一场军事武器之旅吧！

目录

CONTENTS

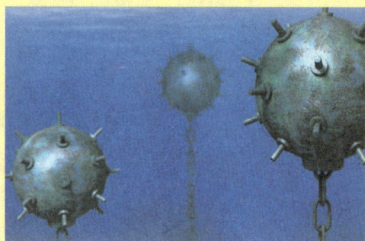

目录
CONTENTS

冷兵器时代

当文明的曙光开始照耀人类社会的时候，战争也出现在人类社会活动中，并对社会的发展起到了很大的作用。随着社会的发展，兵器也在不断更新，冷兵器是人类使用时间最长的兵器种类，至少有数万年历史。其中，石木兵器时代延续的时间最长。铜兵器时代和铁兵器时代是冷兵器的鼎盛时期。

什么是冷兵器

冷兵器指用于砍杀、撞击、刺杀的不带爆炸或燃烧物质的武器,如刀、剑、棍等。在人类历史的发展过程中,冷兵器主宰战场的时间要远远大于热兵器。

性能

冷兵器的性能,基本都是以近战杀伤为主。在冷兵器时代,兵器只有量的提高,没有质的突变。火器时代开始后,冷兵器已不是作战的主要兵器,但由于它的特殊作用以及在各国、各地区的发展进程不同,冷兵器一直沿用至今。

↓ 钉头棒

↑ 钉头链

分类

冷兵器按作战用途可分为步战兵器、车战兵器、骑战兵器、水战兵器和攻守城器械等;按结构形制可分为短兵器、长兵器、抛射兵器、护体装具、器械、兵车、战船等。

最早的冷兵器

冷兵器出现于人类社会发展的早期,由耕作、狩猎等劳动工具演变而成,随着战争及生产水平的发展,经历了由庞杂到统一的发展完善过程。

◀剑

◀戟

▲连枷刺球

文明与野蛮

无论如何,冷兵器是原始人类对自身能力的一种延伸,交战的双方以血淋淋的方式迫使另一方就范。相反,在现代文明社会里,原子弹可以杀人无数,却往往只是威慑的工具。

十八般兵器

在冷兵器的发展过程中,我国的兵器种类最多,民间广为流传的有十八般武器,它们是:刀、枪、剑、戟、棍、棒、槊、镋、斧、钺、铲、耙、鞭、锏、锤、叉、戈、矛。

➡刀

➡枪

⬆剑

枪

这里的枪并不是装有火药的武器,而是一种刺击兵器,形状与矛相似,比矛轻便而且锋利。从唐朝到宋朝,枪成为军中的主要兵器,唐代的枪分为漆枪、木枪、白干枪和扑枪4种,宋代的枪有几十种。

戈

戈是一种可钩、可斫,装有长柄的兵器。最早的戈是将兽角绑在木杆上。戈适用于战车,是从殷周到春秋时代的主要兵器之一。

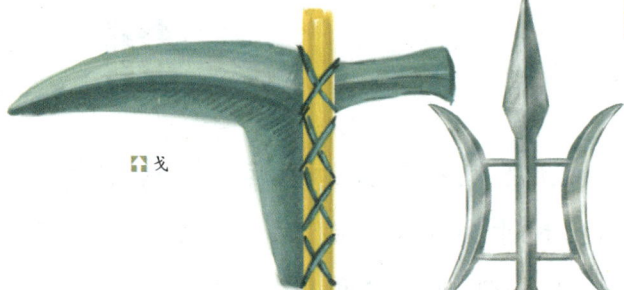

➊ 戈

➊ 钺

斧和钺

斧和钺都是劈砍兵器,它们的区别在于大小,小的是斧,大的是钺。斧和钺在商代是重要的兵器之一,但是它们的缺点是刃厚而且笨重,到了宋朝便逐渐衰退了。

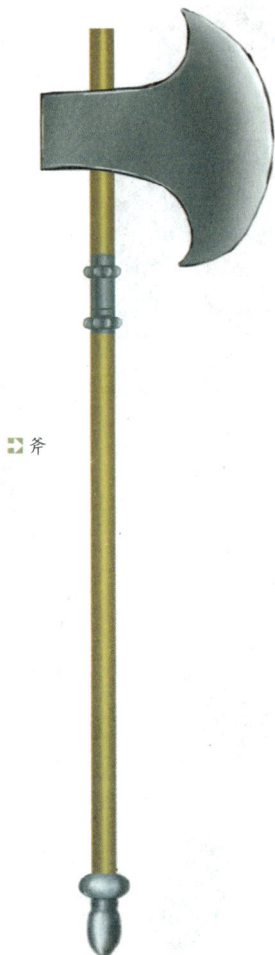

➡ 斧

➡ 戟

戟

戟是一种可钩、可斫、可割、可刺的兵器,杀伤力非常强,是战国到汉朝的主要兵器之一。

剑

剑是双刃刺杀的短兵器。青铜剑出现于公元前2000年，铁剑出现于公元前1000年。依剑的形制和长度可以分为刺剑和劈剑，有些剑则刺劈两用。

剑的要素

剑有3个要素：一是长度，二是灵活性，三是结构强度。

↑骑士与剑

↑剑不仅可以用来刺，劈也是剑术基本动作之一。

长劈剑

公元前1000年，在欧洲和亚洲出现了长劈剑，在步兵和重骑兵中使用。后来，剑的形式逐渐完善，除了在实战中用于防身和格斗外，也成为贵族们喜欢佩带的一种兵器。

🔼青铜剑

青铜剑

青铜铸剑出现于商代中期,最初是曲柄短剑,商代晚期演变成直柄短剑,形状也有很多变化。继青铜剑之后出现了铁剑,而在过渡期间出现的是铜柄铁刃剑。

🔼剑

🔽锋利的剑

🔼越王剑

越王剑

在我国出土的越王勾践剑虽然深埋在地下 2500 年,但出土时仍然寒气逼人,锋利异常,可以划破十几层纸。

弓和弩

弓和弩是古代的远程射杀武器，后来，弓箭成为贵族们狩猎的工具。弓和弩是古代军队使用的重要武器之一。

"弦木为弧"

我国早在2.8万多年前的原始社会就已发明使用了弓箭。原始的弓比较粗糙，弓身是用树枝或竹材弯曲而成，即"弦木为弧"的单体弓，用削尖头部的木棒当箭，利用细绳的弹力将箭射出。

⬇ 射箭

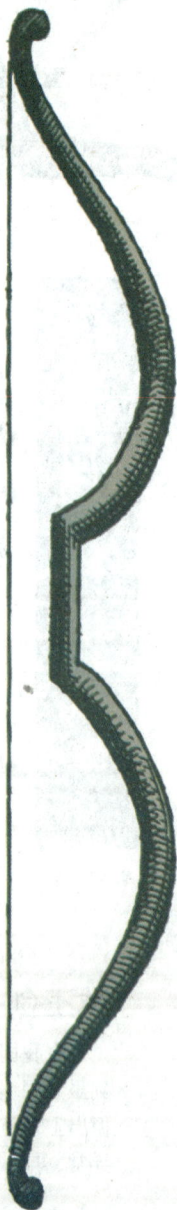

⬆ 弓和箭

箭

与弓、弩配套使用的箭随着弓、弩的演变而变化。最早的箭只是一根被削尖了的树枝或竹子，后来人们将尖的石块或骨、贝作为箭镞，安在箭杆的头部。

弩

弩是在战国时期才出现的一种远程冷兵器，它从弓箭的基础上发展而来的。弩是一种致命的武器，由于操作简单，即使是新兵也能够很快地成为用弩高手。

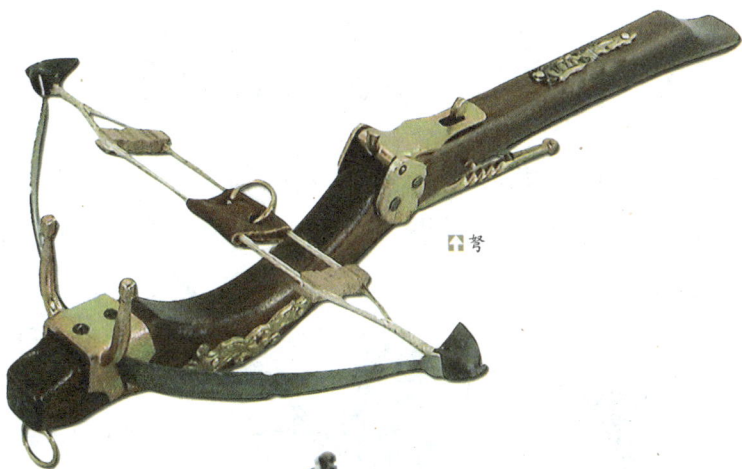

↑ 弩

↓ 弩

万弩齐发

公元前343年，齐国和魏国在马陵交战。齐国军师孙膑在马陵道两侧埋伏了一万多名弩手，当魏军经过时，万弩齐发，打败了魏军。

✦ 一般来说弩比弓的射程更远、杀伤力更强，而且命中率更高。

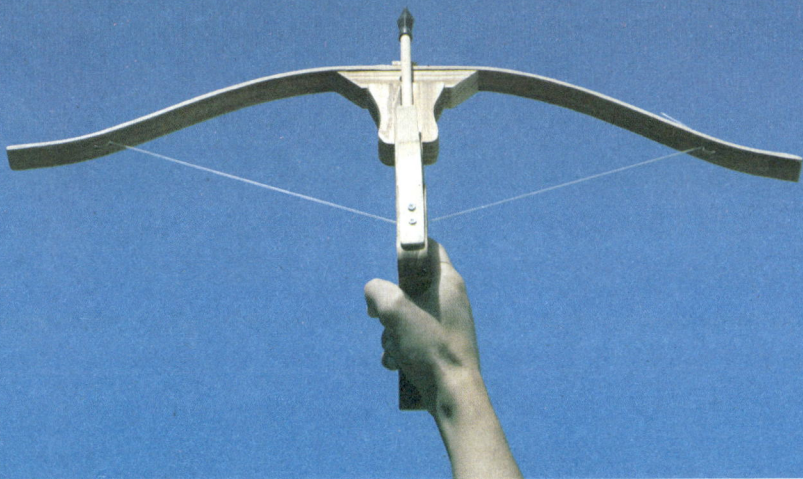

矛和盾

　　矛和盾是古时带兵打仗的兵器。矛是一种长枪，在长杆的一端装有青铜或铁制的枪头；盾是一种护器，用以抵挡锋利武器的进攻。

自相矛盾

自相矛盾

　　楚国有个人到市场上去卖矛和盾。他举起盾说："我的盾是世界上最坚固的，什么东西也不能刺穿它！"接着，他又拿起一支矛说："我的矛是世界上最尖利的，什么东西都会被它刺穿！"这时，一个看客问道："如果用这矛去戳这盾，会怎样呢？"这人听后，赶紧溜走了。

古战场上士兵所使用的矛和盾

刺杀工具

　　矛出现于旧石器时代，最初的矛是削尖了的棍棒，后来的矛是在矛杆上装上锋利的矛头。

兴盛时期

矛使用最广泛的时期是在铁器时代。在古罗马,矛是徒步军人和骑乘军人的一种通用武器。

⬆骑乘军人使用的矛

⬆手持矛和盾和士兵

防卫兵器

在古代东方、古希腊和古罗马,盾作为一种防卫兵器被广泛使用。早期的盾用木、竹、皮革制成,后来用铜、铁制成。

⬆圆形盾牌

盾的构造

盾包有一层或者数层皮革,可以防止箭、矛和剑的伤害;背后有握持的把手,通常与刀、剑等兵器配合使用。

投石机

投石机是古代的一种攻城武器，它利用杠杆原理，用较小的力量把物体投进敌方的城墙和城内，造成破坏。

叙拉古战役

公元前215年，罗马将领马塞拉斯率领大军来到叙拉古城下，以为小小的叙拉古城会不攻自破。然而，迎接罗马军队的是一阵密集的镖箭和石头，罗马人被打得丧魂落魄，争相逃命。这场战役的英雄就是叙拉古人使用的投石机。

现代人制造的仿古投石机

中国的投石机

投石机在中国的使用最为广泛,元朝曾经专门设计了"炮军",攻城时,数百乃至数千架投石机同时攻击,漫天石雨将城头守军全部压制在城楼下。

◀ 中国古代的投石机

◀ 投石机

战场威力

投石机的密集射击能够对城墙产生很大的破坏力。另外,投石机可以投掷一个或者多个物体,可以是巨石、火药,甚至毒药。

◀ 有人认为投石机是最早的化学武器。

防护武器

　　武器不仅用来进攻，还可能用来保护自己，比如盾牌、盔甲，这就是防护武器。在冷兵器时代的早期，一些动物的皮甲和木制的盾就已经出现了。随着真正的盔甲出现，特别是青铜盔甲的问世，更使得棍棒类武器最终离开战场，同时加快了钢铁武器的发展。

盾牌的发展

　　作为冷兵器时代重要的防具，盾牌也从材料、形式等方面经历了一个很长的发展时期。后来，随着战争的改变，盾牌从使用方式上也形成了两大类：携行盾和攻城盾。步兵和骑士使用携行盾，而攻城盾则是用于攻城时防御城墙上射下来的箭矢。

➡ 木盾

金属盾的演变

　　金属盾牌的防御能力比皮盾牌和木盾好得多。青铜时期的金属盾牌是用青铜或者一些贵金属制作的，其中青铜盾是实际战争中使用最广泛的，而一些贵金属盾牌则只是表明使用者的身份，并没有实用价值。在钢铁兵器兴起以后，青铜盾牌和金盾牌就开始被钢铁盾牌代替了。

🔺 中世纪骑士的盾牌

🔺 希腊神话中著名英雄阿喀琉斯的黄金盾牌。

欧洲中世纪盾牌

　　在欧洲中世纪，盾牌是骑士作战必不可少的兵器。一些名门显贵的家族更是拥有具有自己家族特征的盾牌。这些盾牌做工精细，设计合理，同时也具有艺术性。像著名的狮心王盾牌，在钢铁打制的盾上绘有自己家族的徽记，集艺术与实用于一体，成为现在的收藏家梦寐以求的珍品。

盔甲

　　盔甲是用于保护士兵身体，减少士兵受到的伤害的防具。在过去几千年里，制作盔甲的原料有兽皮、青铜和钢铁等。在铸铁技术没有成熟以前，人们主要使用皮甲和少量的青铜盔甲；在铸铁技术比较完善以后，钢铁护甲和皮甲就成为主要的盔甲了。

◀盔甲

皮甲

　　皮甲是用各种动物的皮革制成的护甲，从史前简单的兽皮护甲开始，一直到冷兵器时代结束，皮甲一直在应用。因为皮甲要比金属盔甲方便和便宜。在荷马史诗《伊利亚特》中有一个勇士叫艾阿斯，他的盔甲就是用牛皮制成的，在作战时穿上七层厚的盔甲，一个人就可以对付几个敌人。

⬆皮甲

⬆金属铠甲

金属铠甲

　　金属铠甲的制作原料有铜、青铜、钢铁和金。在冶铁技术成熟以后，铁制盔甲以其优秀的防护性能，很快就被广泛应用。骑兵们装备了铁甲以后，防护能力得到了很大的提高。这使得战略和战术在一场战争中也显得更加重要了。金属盔甲一般分为头盔、胸甲、护臂、护手、护腿和护足。

动物"兵"

　　自古以来各种动物都曾经出现在战场上。无论是作为运载工具，还是在前线冲杀，它们都发挥了不小的作用。它们的出现为己方取得胜利作出了不少贡献，有时候甚至能够影响一场战役的胜负。直到现在，战场上依然有动物兵的身影。

战马

　　马无论是作为运输力在后方奔波，还是作为载人工具在前线冲锋陷阵，都是战争中不可缺少的一员。尤其是在春秋末期，骑兵的威力开始在战争中体现出来，战马的重要性更是空前提高。在各种机车出现以前，马几乎承担了战场上所有的运载任务。

◀ 战马

战马是早期战争中不可缺少的一员。

胡服骑射

　　战国时期，赵国地处北方，与各游牧民族为邻，所以经常被骚扰。赵国的车步兵与灵活、便捷的少数民族骑兵交战中处于不利地位，赵国为此颇伤脑筋。后来赵武灵王在国内开展了"胡服骑射"改革，削减车步兵，增加骑兵。为了方便骑兵作战，他同时要求老百姓改穿胡人式的紧身衣服。经过改革，赵国军队的作战能力有了很大提高。大约从这一时期开始，骑兵逐渐受到了重视。

火牛阵

公元前 279 年，燕国将军骑劫带着以燕国为首的六国联军围攻齐国的即墨，即墨的守城将军田单秘密准备了 1 000 多头牛，在所有的牛头上绑上尖刀，牛身上画上各种图案，尾巴上系着一捆浸透了油的苇束。晚上，田单让人把牛赶到城外，点燃了牛尾巴上的苇束。1 000 多头牛被惊吓，狂奔向六国联军的营地，六国将士死伤无数。最后六国联军大败，齐国也收复了失地。在西方，汉拔尼也在战争中用过这个方法，效果也很惊人。但是这个方法也有很大的缺点，不能多次使用。

战象

战象

大象也是在古代战争中曾经出现过的动物。亚历山大在东征印度的时候，从印度人那里得到了战象，他是西方第一个将大象用于战争的人。大象可以有效地对付骑兵，那些没有经受过专门训练的马是不能和大象对抗的，而步兵更是不能和大象拼。在东方，大象也曾经被用于战争，据史书记载，在商代的时候，军队中就有战象了。

现在，军犬依然有着重要作用。

军犬

军犬的历史至少有 2400 多年了。古代的巴比伦、埃及、罗马等国，都曾训养犬用于军事，主要用于巡逻和警戒，也可以用于进攻敌人。古代迦太基的军队中曾养有一个军团的猛犬，它们善于进攻敌人的骑兵，专咬战马的鼻孔。猛犬在作战和押送奴隶与俘虏中立下了汗马功劳，迦太基国王曾经下令为御敌救城有功的猛犬建立了纪念碑。

攻守城兵器

在冷兵器时代，城墙是一道无比坚固的防御设施。为了能够攻破或者守卫城池，人们设计了一批专用武器。攻城兵器有破坏敌方城墙设施的武器，有保护己方攻城部队的防具。守城兵器则有破坏敌方各种作战力量的武器。

壕桥

一般的城墙外会设置壕沟或者护城河，壕桥就是为了应付这些障碍而设计的。根据《武经总要》记载，壕桥的宽度可以视壕沟的宽度而定。《六韬·虎韬·军用》中记载，一座壕桥有 4.7 米宽，6.3 米长，并且还有骁轴、辘轳等机械装置。由此可知宋代之前我国在壕桥的发展方面已极为成熟。

↑ 城堡外的壕桥

撞城木

撞城木就是一根由十几名士兵携带的巨大木头，用来撞开小城堡的门。有的撞城木则装有楔形铁头，放置在四轮车上，让它能够有节奏地晃动，并可能由有轮的车保护，或装置在围城塔中，这样可以提高撞城木的作战效率。撞城木是最古老、最原始的围城器械。

↑ 撞城木

云梯

云梯是中国古代战争中用以攀登城墙的攻城器械，也可以用于侦察敌情。云梯一般由3部分构成：底部装有车轮，可以移动；梯身可上下，靠人力扛抬，架于城墙壁上；梯顶端装有钩状物，用以钩住城墙沿，而且还可以保护梯首免遭守军的推拒和破坏。但是利用云梯攻城会造成己方士兵大量死亡，火器兴起以后，云梯逐渐被废弃。

↑云梯

巢车

巢车是一种较高的兵车，如同树上的鸟巢，巢车的车座采用八轮车座，而且是以双杆作为支撑机制的，杆的高度则视城池的高度而定。在双杆的顶上设置一个大轳辘，以便将观测用的吊舱举起，因为举起吊舱需要很大的力道，所以和其他的观测不同，它是以生牛皮为材质，可以防御敌人的矢炮攻击。

巢车是中国古代的一种设有瞭望楼，用以登高观察敌情的车辆。

投石机的"弹丸"

抛石车是利用杠杆原理抛射石弹的大型人力远射兵器，是古代世界一种较常使用的攻城武器。投石机所使用的弹丸往往都是巨型石块，这些石块被投石机抛出去后会具有很大的动能，因此能够对城楼、城墙等防护设施造成极大的破坏，投石机的威力由此可见一斑。

战车与战船

在很早以前就世界上就已经出现战车和战船了。虽然在冷兵器时代，战车和战船出现在战场上的机会并不多，但是它们在战场上发挥的作用依然让我们感到惊奇。

战车

古代两河流域的苏美尔人是世界上最早使用战车的人，大约在距今5500年前，两河流域就有简陋的战车了。后来，随着苏美尔人的扩张，战车也随之传播到了西方其他地方。

我国春秋时期的战车

骑兵比战车的机动性高出很多，而且比战车便宜，在战争中发挥的作用也比战车多。因此战车渐渐失去了作用，最后完全成了仪仗用具。

辐轮战车

公元前2500年左右的拉格什鹫碑上就有战车图案，国王安纳吐姆站在战车上，高举投枪。这表明在当时的两河流域，战车已经普及。到了公元前16世纪，战车在两河流域及其周边地区应用广泛，在公元前1479年的米吉多战役中，仅仅是面对叙利亚和巴勒斯坦的城市联军，埃及人一战就俘获了924辆战车。希腊文明进入迈锡尼时代的时候，战车也已经大规模应用了。中国到了商代也开始在战场上使用战车。

☗ 古罗马战船

☗ 北欧维京人的战船

☗ 维京人的海盗船

战船

　　船最初只用于载人载物，到春秋末期，军事斗争发展到了水面上，战船也出现了。到了唐代，各种战船和舰载武器也发展得很快。在古代西方，由于各国濒临地中海，有时要跨海作战，因此海战备受各国重视。在兵器技术不发达的古代，海战有两种主要攻击方式：一是冲击战，以船头坚硬的铁尖猛撞敌舰的舷或尾，将其击沉或撞坏；二是舷并舷，紧靠敌舰，将其钩住，而后在甲板上展开步兵厮杀，即海上陆战。

萨拉米湾海战

　　公元前480年，波斯皇帝薛西斯率领的海军与希腊海军在萨拉米湾决战。千余艘波斯军舰将378艘希腊军舰围堵在狭窄的海湾里，但是自己却由于地窄船多，秩序大乱，无法调度。希腊战舰坚固，而且速度快，很多波斯战舰被撞坏，后退的波斯战舰又与后面涌上来的自己的战舰相撞，波斯人损失惨重。最后波斯反而被击败，损失了300多艘战舰，薛西斯没有办法，只好收兵，从此波斯丧失了制海权，希腊方面转守为攻。

　　在萨拉米湾海战中，希腊将领提米斯托克利凭借高超的指挥艺术，利用地形地物和武器装备，采取灵活的战术，削弱和限制敌人的优势，捕捉战机实施突击，在他的指挥下，希腊人赢得了胜利。

↑ 萨拉米湾海战

↑ 希波萨拉米海战中，雅典舰队的三层桨战船，该船身小而灵活。

热兵器时代

中国古代的炼丹师们肯定不会想到他们无意间发明的火药会改变整个世界的发展进程，无论是东方，还是西方，火药的应用使战争的形态发生了变化。在西方，这种变化更加明显，随着工业革命的到来，火器不仅最终取代了冷兵器，成为战场上的主要兵器，而且也使军队发生了极大的变革。

什么是热兵器

　　热兵器又名火器，古时也称神机，与冷兵器相对。是指一种利用推进燃料快速燃烧后产生的高压气体推进发射物的射击武器。因此热兵器的应用离不开火药的发明。

火药在战争中的运用

火药与战争

　　最早的火药虽然是简单的黑火药，但是黑火药仍然在战争中发挥了巨大的威力。黑火药传播到欧洲以后，经过了多次改良。它不仅使热兵器最终取代冷兵器，成为战场上主要的兵器，而且也使军队发生了极大的变革。

火炮

火炮

　　火炮是利用火药燃气压力等能源抛射弹丸，口径等于和大于 20 毫米的身管射击武器。现代火炮虽然基本结构与古代火炮相同，都是由炮身、炮尾、炮闩、炮架以及炮弹构成，但其发射装置与古代火炮有显著的区别。

↑ 火炮发射

火炮的威力

　　火炮既可摧毁地面各种目标,也可以击毁空中的飞机和海上的舰艇。因此,作为提供进攻和防御能力的基本手段,火炮在常规兵器中占有重要的地位。

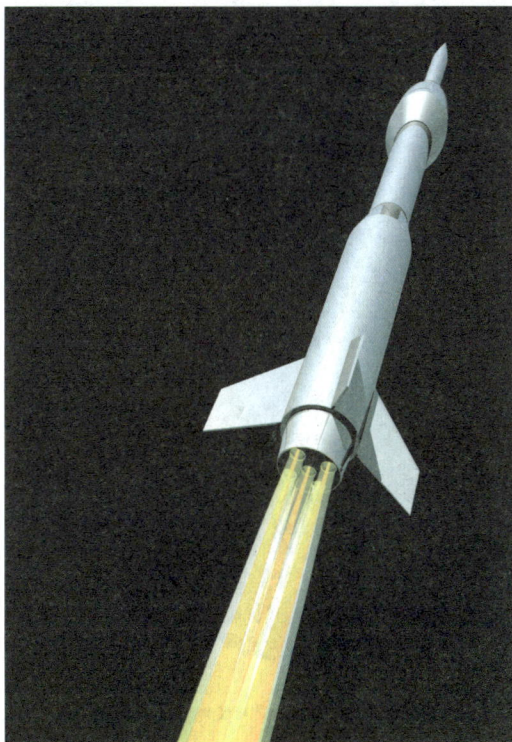

↑ 坦克

↑ 防空导弹

广泛的含义

　　在现代,坦克、装甲车、火炮、火箭、防空导弹等常规武器仍然是进行战争的基本手段,除此以外就是核武器、化学武器、生物武器等有大规模杀伤破坏性的武器。这些都属于热兵器。

火药发展史

　　历史的车轮始终不会停止，火药的发明敲响了冷兵器时代结束的钟声。最早的火药虽然是简单的黑火药，但在战争中发挥了巨大的威力。黑火药传播到欧洲以后，引起了欧洲人的极大关注。

↑黑火药是中国古代的四大发明之一。

黑火药

　　黑火药配方最早出现在中国，随后就被用在战争上。早在公元 904 年，我国就有关于火药武器在战争中使用的记录。在一些史书的记载中，黑火药的大致配比是一硝二磺三木炭，后来的一些黑火药配方已经很接近近代黑火药的配制比例了。到了明初，为了对付外来民族入侵，明军大量配置各种火器。

近代的黑火药

　　最早的黑火药各成分之间的比例不是很合理，因此黑火药的成分比例在一直变动，最后才确定下来。黑火药有许多缺点，比如容易吸湿，不稳定，而且威力小，残渣多，烟雾大。所以，人们一直在寻找一种可以克服以上缺点的炸药。

↑近代黑火药的主要成分是硝酸钾。

近代火药

18 世纪以来，火药不断被改进。1771 年英国的沃尔夫首先合成苦味酸；1838 年佩卢兹发明硝化棉；1845 年德国化学家舍恩拜因发明硝化纤维；1846 年意大利化学家索勃莱洛发明硝化甘油；1863 年威尔勃兰德发明三硝基甲苯；1875 年诺贝尔发明了三硝基甘油和硅藻土混合的安全烈性炸药；1899 年德国人亨宁发明黑索金。这些先进的火药加快了武器的发展步伐，也促使人们在实战中发展新的战术。

▲诺贝尔发明的达纳炸药

阿尔弗莱·伯恩纳德·诺贝尔

诺贝尔和他父亲、弟弟一起研究新炸药，期间出过几次事，弟弟被炸死，父亲被炸伤，自己也几次死里逃生。1866 年，诺贝尔发明了达纳炸药；1872 年，他又发明了胶质达纳炸药；1887 年，他又发明了一种无烟炸药——"特强无烟炸药"。诺贝尔一生获得专利 200 多项，其中有一半多都是炸药，他发明的炸药给人们开山修路、挖矿以及建筑带来了很大方便，同时也为更强大武器的出现铺平了道路。

黄色火药简介

苦味酸是一种黄色结晶体的猛烈炸药，在 19 世纪末使用非常广泛，黄色炸药的名称就是由此而来。三硝基甲苯（TNT）是一种威力很强而又相当安全的炸药，它在 20 世纪初开始广泛用于装填各种弹药和进行爆炸，在第二次世界大战结束前，TNT 一直是综合性能最好的炸药，被称为"炸药之王"。在原子弹出现以前，黑索金是威力最大的炸药，第二次世界大战之后，曾取代了 TNT 的"炸药之王"宝座。

◀苦味酸能产生很强的能量。

轻武器

轻武器通常是指枪械及其他各种由单兵或班组携行战斗的武器，主要装备对象是步兵。自火药的发明到火器的出现，出现了很多类型的轻武器。但无论是最早的突火枪，还是现代最先进的步枪，其工作原理都是利用火药爆炸产生的推力射击子弹。

⬆ 法国在 1390—1400 年所使用的"手持射石炮"。

轻武器的特点

轻武器的主要特点是：1.重量轻，体积小，多数能单独使用，可由单兵或战斗小组携行；2.使用方便，开火迅速，火力猛烈；3.环境适应能力强，可以在恶劣的条件下作战；4.品种齐全，可以按任务要求进行装备；5.结构简单，易于制造，成本低廉，适于大量生产和装备。

⬆ 火绳枪

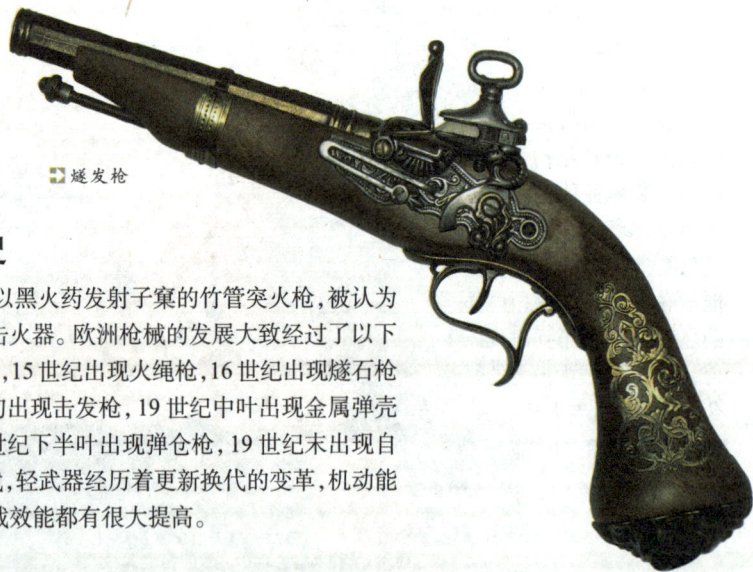
⬆ 燧发枪

轻武器发展简史

1259 年中国制成的以黑火药发射子窠的竹管突火枪，被认为是世界上最早的身管射击火器。欧洲枪械的发展大致经过了以下过程：14 世纪出现火门枪，15 世纪出现火绳枪，16 世纪出现燧石枪（又称燧发枪），19 世纪初出现击发枪，19 世纪中叶出现金属弹壳定装弹后装击针枪，19 世纪下半叶出现弹仓枪，19 世纪末出现自动枪械。20 世纪 80 年代，轻武器经历着更新换代的变革，机动能力、威力、火力密度和作战效能都有很大提高。

⬆德林杰燧发枪

枪械的分类

枪械从出现到现在经历了数百年的风雨,枪械本身由前装到后装,由滑膛到线膛,由非自动到自动,经历了多次重大的变革。枪械的品种由少到多,重量逐渐减轻,口径由大到小,射程由近及远,射速也逐渐提高,逐渐发展到了今天这样的水平。现代枪械包括:手枪、步枪、机枪、冲锋枪和特殊枪支等。

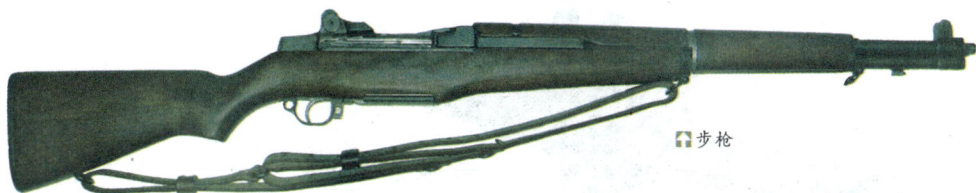
⬆步枪

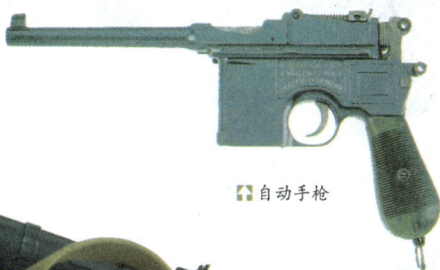
⬆自动手枪

⬆带有激光器的手枪

⬆冲锋枪

轻武器的作用

轻武器具有其他武器不可替代的战术功能,主要作战用途是杀伤敌方有生力量,毁伤轻型装甲车辆,破坏其他武器装备和军事设施。在轻武器大家族中,种类繁多的各式枪械在不同的领域内发挥着很大的作用,成为使用最频繁的武器。

手 枪

　　手枪是最常见的枪类武器。手枪在15世纪就已出现，发展到今天，产生了很多种手枪，不同的手枪用途也不一样。手枪在现代应用广泛，不仅是各国武装力量必不可少的武器，而且还用于治安警卫、狩猎和体育比赛。

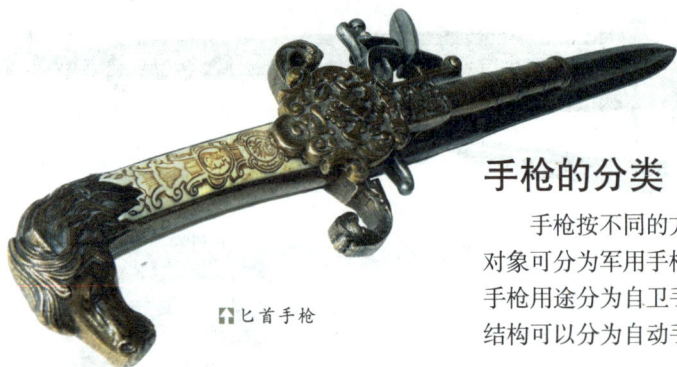

🔺匕首手枪

手枪的分类

　　手枪按不同的方式分为不同的种类。按使用对象可分为军用手枪、警用手枪和运动用手枪；按手枪用途分为自卫手枪、战斗手枪和特种手枪；按结构可以分为自动手枪、左轮手枪和气动手枪。

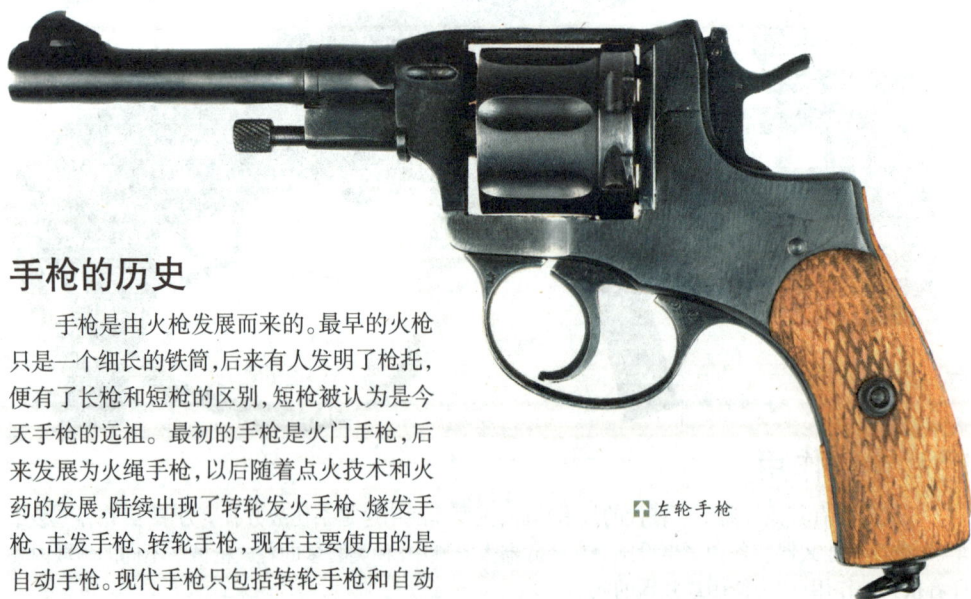

手枪的历史

　　手枪是由火枪发展而来的。最早的火枪只是一个细长的铁筒，后来有人发明了枪托，便有了长枪和短枪的区别，短枪被认为是今天手枪的远祖。最初的手枪是火门手枪，后来发展为火绳手枪，以后随着点火技术和火药的发展，陆续出现了转轮发火手枪、燧发手枪、击发手枪、转轮手枪，现在主要使用的是自动手枪。现代手枪只包括转轮手枪和自动手枪。

🔺左轮手枪

转轮手枪

转轮手枪俗称左轮手枪，是一种装有多膛转轮的手枪。转轮上通常有6个弹膛，这些弹膛也有作为弹仓的作用。射击时，只要旋转装好枪弹的转轮，就可以使每个枪弹依次与枪管和撞针对齐，逐个发射。转轮手枪一般口径在 7.63 ～ 11.43 毫米之间，重量为 0.75 ～ 1.3 千克。

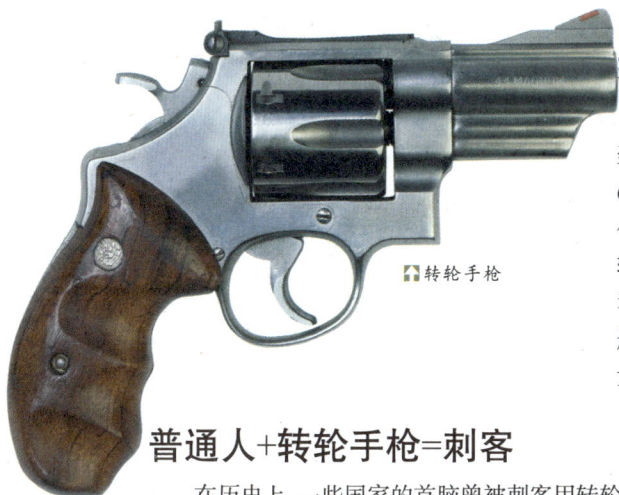

🔫 转轮手枪

普通人+转轮手枪=刺客

在历史上，一些国家的首脑曾被刺客用转轮手枪刺杀。在美国，就有4位总统被刺客用转轮手枪击中，除了里根总统死里逃生以外，其余3位都被杀死。以色列前总理拉宾也是被刺客用转轮手枪刺杀的。这些刺客并不都是经过专门训练的，转轮手枪性能稳定，射击容易成功，使得普通人也可能成为一个刺客，因此转轮手枪成为刺客最喜欢用的手枪。

🔫 德林格手枪

自动手枪

自动手枪是利用火药爆炸产生的能量实现子弹发射和装弹的手枪，分为全自动手枪和半自动手枪。全自动手枪也叫战斗手枪，可以连续发射子弹；半自动手枪即常说的自动手枪，扣一次扳机就发射一颗子弹。

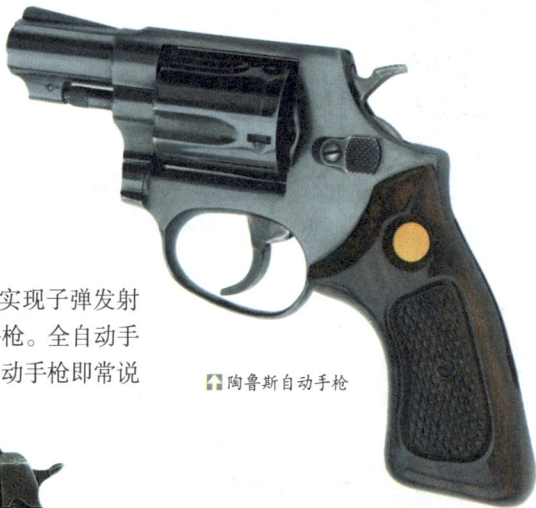

🔫 陶鲁斯自动手枪

M1911A1 自动手枪

M1911A1 自动手枪是由 M1911 自动手枪改进而来的。M1911 自动手枪是著名枪械大师勃朗宁设计的，美军于 1911 年开始装备，到 1923 年改进为 M1911A1。1926 年 M1911A1 代替 M1911，直到 1985 年才被 M9 替换。

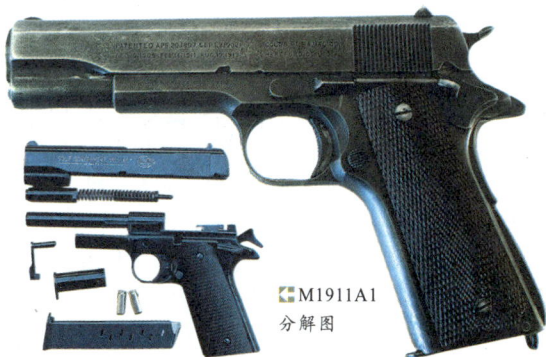

🔫 M1911A1 分解图

突击步枪

突击步枪是根据现代战争的要求，将步枪和冲锋枪的优点结合起来的一种自动步枪，具有冲锋枪的猛烈火力和接近普通步枪的射击威力。突击步枪的特点是射速较高、射击稳定、后作力适中、枪身短小轻便。

突击步枪简史

第二次世界大战中，各个参战国竞相开发武器，以求在战争中出其不意，打败对手。这期间各个国家的轻武器也得到了突破性的发展。第一支突击步枪就是在这期间由德国研制的STG44。STG的原意是暴风雨式步枪，后来被称为突击步枪。"二战"结束后，各国在德国研制的突击步枪的基础上，做了一些改进，研制了一批新的突击步枪，其中比较有名的有前苏联的AK47突击步枪、美国的M16突击步枪、法国的FAMAS、奥地利的AUG和德国的HKG36。

光学瞄准镜
枪口　消焰器　气体调节器　活塞筒　枪机　枪托
枪管　气塞　扳机　备用瞄具　弹匣　扳机连杆簧

L85A1 式 5.56 毫米突击步枪结构图

AK47突击步枪

"步枪之王"——AK47

AK 47 突击步枪是前苏联著名枪械大师卡拉什尼科夫设计的，是步枪中的王者。AK47的威力巨大，并且生产成本低，价格便宜。除此之外，AK47有结实耐用、故障率低等优点，这也是AK47备受青睐的重要原因。AK47在一些非洲国家的民族解放运动中发挥了很大作用。AK系列著名的枪械还包括AKM和AK74。

⬦AUG采用较多的耐冲击塑料件，不仅加工容易，不生锈，而且强度特别好。

AUG 突击步枪

　　AUG 突击步枪是由奥地利斯泰尔曼利彻尔有限公司负责研制的。AUG 武器系统是模块化结构的，全枪由枪管、机匣、击发与发射机构、自动机、枪托和弹匣六大部件组成。AUG 系统中采用了大量塑料，不仅枪托、握把和弹匣采用工程塑料，就连受力的击锤、阻铁、扳机也用塑料制成，这些部件耐摩擦而且不需要润滑，因此有较长的寿命周期，而且非常坚固。

⬦斯泰尔 AUG 突击步枪

M16 突击步枪

　　M16 系列突击步枪是美国著名的枪械设计师尤金·斯通纳精心设计的一款突击步枪，1964 年正式列装。它曾是自 1967 年以来美国陆军使用的主要步兵轻武器，也被北约 15 个国家广泛选用。该枪口径小，射速高，适合丛林作战。与使用中口径枪弹的步枪相比，这种小口径武器更显得轻巧、紧凑和便于携带更多的枪弹，但这种枪在潮湿环境里里容易卡壳，故障率较高。

🔲M16 A1

🔲M16 A4

狙击步枪

狙击步枪与普通步枪的结构基本一致，只是多装了一个瞄准镜，枪管也经过了仔细加工，以便射击时能更精准，这使得狙击步枪的威力比普通步枪的威力大了很多。在军事上，狙击步枪主要用于射击对方的重要目标，如指挥人员、车辆驾驶员、机枪手等。

瞄准镜

🔹狙击步枪

效率高

狙击步枪使用效率十分高，在 600 米的距离内，狙击步枪对目标的杀伤概率高达 80%以上；在步兵作战距离（通常少于 400 米，大多数在 200 米以内），对目标的杀伤概率高达 95%以上，几乎百发百中。

M40 狙击步枪

M40 狙击步枪是一种射击十分精确的武器，美国人认为它是现代狙击步枪的先驱，在 1966 年越南战争中开始装备美国海军陆战队。

🔻M40 狙击步枪

SVD

SVD 是前苏联军队在 1963 年选中的由德拉贡诺夫设计的狙击步枪，它实际上是 AK-47 突击步枪的放大版本，但发射机构更简单。装备 SVD 的士兵都需要接受针对该武器的专门训练。

↑ SVD

↓ SVD 狙击手

第一次狙击行动

1648 年 7 月，在欧洲的威斯特法伦战斗中，瑞士军队的一名神枪手埋伏在距敌 400 米处的河对岸的草丛里，用枪击毙了敌方最高指挥官，从而使战局发生了对己方有利的改变。这就是有史料记载的最早的狙击行动。

神秘的狙击手

一般来说，除了必备的狙击步枪外，狙击手的装备还可以包括手枪、伪装服、伪装油彩、望远镜、无线电通讯设备、红外或微光夜视仪、地图、指南针和食物等。为了保持长时间潜伏的隐蔽性，大部分狙击手们都使用水袋和吸管，甚至采用流质高热量食品。

↑ 狙击手

机　枪

机枪是一种很重要的军用枪械,它能够连续发射子弹,威力巨大。现代机枪口径一般在 15 毫米以下。机枪在战斗中的主要任务是以密集的火力杀伤敌人或者压制对方火力,支援步兵战斗。

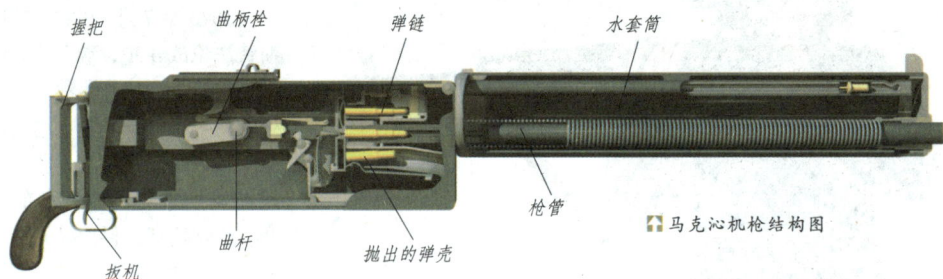

握把　　　曲柄栓　　　弹链　　　水套筒

枪管

扳机　　曲杆　　抛出的弹壳

▲马克沁机枪结构图

机枪的历史

早在 15 世纪就有多管式机枪以及后来的多管炮。在 19 世纪中期,加特林把这些古老的枪械改进了一下,于 1862 年发明了手摇式多管重机枪。随后,又有一些人对机枪进行了改进,其中数马克沁的改进最成功。

▲轻机枪是一种装有两脚架、重量较轻的步兵专用自动武器,它携带方便,可卧姿抵肩射击,也可立姿或行进间射击。

机枪的分类

现代机枪可以分为轻机枪、重机枪、通用机枪、坦克机枪、航空机枪、大口径高射机枪等。不同的机枪应用的场所也不一样,发挥的作用就更不一样了。轻机枪用于为冲锋部队及时提供火力支援;重机枪是防守阵地不可缺少的武器,等等。

▲重机枪是一种装有稳固枪架,且可分解搬运的自动武器,它射击精度好,能长时间连续射击,是步兵分队的一种支援兵器。它主要用于杀伤敌人的有生目标,压制火力点,支援步兵战斗。

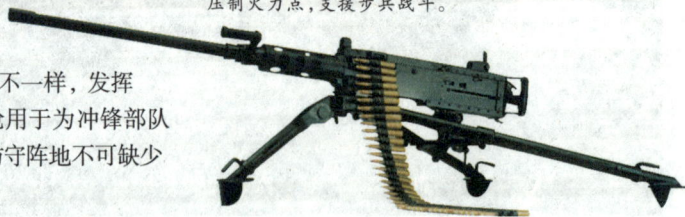

"米尼米"机枪的机匣寿命为10万发，枪机为5万~6万发，全枪连同200发弹箱重10千克，比M60通用机枪轻，只需一人携带、操作。

战场上的绞肉机

机枪在战场上可是名副其实的绞肉机。在第一次世界大战的时候，水冷重机枪就以其巨大的杀伤能力而成为令人恐惧的武器。在"二战"时，机枪更是战场上不可缺少的武器。谁也无法知道有多少生命倒在了密集的机枪子弹下。正是由于机枪巨大的威力，而且在短时期内还没有什么武器可以替代它，所以机枪依然备受青睐。

现代机枪

"二战"后，小口径机枪的出现使机枪的发展步入现代化。现代机枪的主要特点是：结构简单，重量轻，操作、携带方便，火力强，火控系统先进，技术含量更高，威力更大。并且，现代机枪可以应用的领域也得到了扩展。便于携带的轻机枪能够为冲锋部队及时提供火力支援，因此成为现代机枪的主力。

机枪能快速连续射击

机枪之最

目前世界上射速最快的机枪是美国的 M134 机枪，其理论射速高达每分钟 6 000 发子弹，是普通机枪的 10 倍；口径最小的机枪是俄罗斯的 RPK－74，使用的子弹只有 5.45 毫米，设计者是卡拉什尼科夫；最轻的轻机枪是阿蒂马克斯轻机枪，枪身只有 4.5 千克重。

美国的 M134 是世界上射速最快的机枪

冲锋枪

　　冲锋枪是一种现代单兵近战武器，长度介于步枪和手枪之间。它短小精悍、火力猛烈、使用灵活，非常适合冲锋或反冲锋、山岳丛林、阵地堑壕、城市巷战等短兵相接的遭遇战和破袭战等。冲锋枪虽然出现时间晚，但却是轻武器家族中的重要成员之一。

冲锋枪简史

　　1915年，意大利人艾比尔·贝特尔·瑞维里制造出第一支具有冲锋枪特征的连射枪支，命名为维拉·佩罗萨M1915式，这种枪出现后引来各国争相效仿。其中德国研制的伯格曼MP18I式9毫米冲锋枪是世界上第一种真正实用的冲锋枪，同时出现的主要冲锋枪还有美国的M1928A1式汤普森冲锋枪、芬兰苏米M1926式冲锋枪和前苏联的PPD1934/38式冲锋枪。

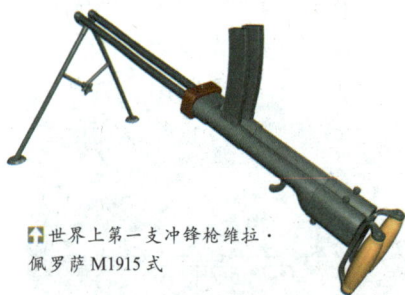

⬆ 世界上第一支冲锋枪维拉·佩罗萨M1915式

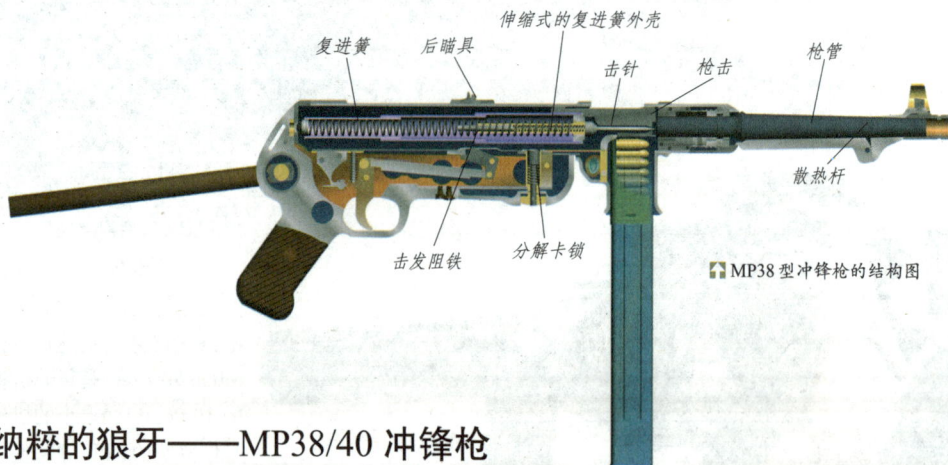

复进簧　后瞄具　　伸缩式的复进簧外壳

击针　枪击　枪管

散热杆

击发阻铁　　分解卡锁

⬆ MP38型冲锋枪的结构图

纳粹的狼牙——MP38/40冲锋枪

　　在一战的时候，英法等国就领教了德国MP18冲锋枪的威力，因此在战后禁止德军装备冲锋枪。随着纳粹势力统治德国，德国开始研制新式冲锋枪。埃尔马兵工厂研制的MP38冲锋枪具有划时代的意义，德军于1938年开始装备该武器。后来德国又将MP38式改进为MP40式冲锋枪，并大量装备于各个兵种。

前苏联波波沙冲锋枪

前苏联的波波沙冲锋枪诞生于 1941 年，被命名为 PPSH41，其设计师是前苏联著名的枪械设计师沙普金。PPSH41 的操作直接由气体推动来完成，利用子弹发射时的燃气来完成击发、退膛抛壳、上弹复进和击发。它的射速很高，在 150 ～ 200 米的距离上准确度极高，使得在射程内的目标很少有生存逃脱的机会。

⬆ PPSH41 大部分零部件都采用钢板冲压、焊接制成，具有结构简单、加工工艺好、易于大量制造、火力猛烈等特点。

⬆ FN P90 冲锋枪

伯莱塔 M12S 冲锋枪

伯莱塔 M12S 冲锋枪是意大利的伯莱塔公司生产的一种性能卓越的冲锋枪。M12S 冲锋枪枪身较短，全长只有 418 毫米，设计结构精巧，机匣、发射机框、握把及弹仓融为一体，可以在恶劣条件下射击。M12S 冲锋枪发射的子弹出膛速度为每秒 360 米，射速每分钟 500 多发，可以单射，也可以连射，弹匣装弹 20 ～ 40 发，枪重 3.2 千克。

⬆ 伯莱塔 M12S 冲锋枪是世界上一流新型冲锋枪之一，是意大利特种部队的重要装备。

著名枪械设计师

　　早期的火枪促进了资本主义的发展，到了近代以后，不断发生的战争又促使人们研制更好的枪械。19—20世纪之间，枪械设计技术突飞猛进。伴随着一批声名显著的枪支的出现，它们的设计者也成为人们津津乐道的对象。

勃郎宁

　　勃郎宁是世界上著名的枪械设计师，他一生设计了多种枪械。在斐迪南大公遇刺事件中，刺客使用的枪支就是勃郎宁设计的M1900式手枪。他后来设计的几款手枪曾经风靡世界，其中，M1911式手枪在美国军队服役长达75年。勃朗宁9毫米手枪是第一把使用双行和高容量弹匣手枪，同时他也设计了几种机枪和步枪。

◀ 勃郎宁

◀ 机枪之父——海勒姆·斯蒂文斯·马克沁

海勒姆·斯蒂文斯·马克沁

　　美国工程师马克沁最大的发明就是发明了水冷式机枪，这种枪支在19世纪末期和20世纪初期被大量使用，尤其是在一战中，马克沁机枪因其强大的杀伤能力，被称为"马克沁屠夫"。在发明水冷式机枪后，马克沁又做出了其他一些改进，使机枪获得进一步的发展。

转轮手枪之父——塞穆尔·柯尔特

柯尔特被称为"转轮手枪之父"。1834年，他制造出第一把样枪。到1835年，他申请了转轮手枪的专利。后来，他的转轮手枪达到了当时自动手枪的水平。在战争中，转轮手枪成了士兵们得心应手的武器，19世纪中期以后，转轮手枪风靡全球。后来的转轮手枪基本沿用了柯尔特的设计。

⬆ 卡拉什尼科夫设计的著名的AK-47

⬆ 塞穆尔·柯尔特

卡拉什尼科夫

卡拉什尼科夫是俄罗斯著名的枪械设计师，他并没有接受过正规的机械设计教育，在"二战"战场上受伤以后的疗养期间，他开始探索设计枪支。他设计的第一支步枪在1947年开始装备苏联军队，并被命名为AK-47。可能连卡拉什尼科夫都没有想到，他设计的AK系列步枪会成为世界上应用最广泛的步枪。全世界总共生产的AK系列步枪的总数超过了1亿支。

斯通纳

美国人斯通纳因成功研发M16系列自动步枪而闻名于世。他设计的M16系列步枪设计合理，准确性高，火力强大，使用轻便。但是该类枪械制造过程复杂，维护需求高，这限制了它的应用范围。后来斯通纳对M16进行了改进，研制了M16A1。斯通纳也是一位多产的设计师，他设计武器的口径有5.56毫米、7.62毫米、12.7毫米，甚至还有37毫米口径炮。

⬆ 斯通纳与卡拉什尼科夫（左）在一起。

子弹的发展

　　枪械设计的最终目的就是要把子弹准确射向目标，而枪械的改变对子弹也有很大影响。子弹从几百年前简单的铁丸发展到现在的各式各样，期间经历了很多次变革，每一次变革，子弹的威力和性能就会有一次明显的提高。

早期的子弹

　　早期的突火枪使用的是铁砂作为子弹，由于黑火药的威力有限，这些铁砂对较远距离的人员几乎没有伤害。在欧洲，火绳枪出现以后，曾经用石粒作为子弹。线膛枪出现以后，又改用铅作为子弹。铅熔点低，易于加工，在不打仗的时候，火枪兵自己也可以加工制作子弹。这样的子弹一般呈不规则球形，杀伤力较小。

◀ 不同的子弹

底火　　　　　弹壳　　　　　　　　　　　壳口　　　　弹头

壳头　　退壳沟　　　装药　　　　　壳肩　　壳头

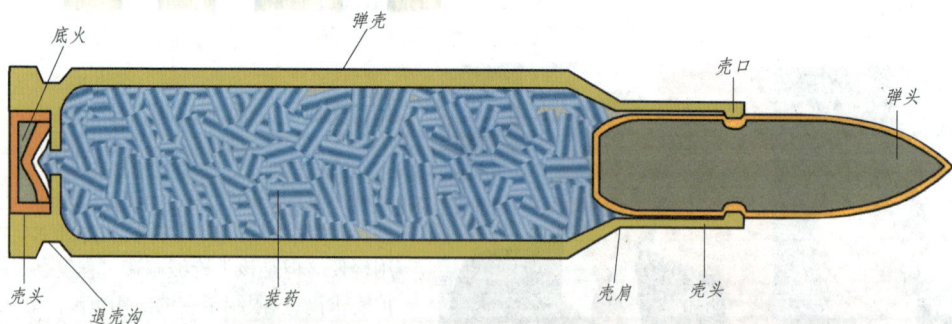

◀ 手枪或步枪所使用的弹药，通常包含弹头、弹壳、弹装火药、底火4部分。

现代的子弹

　　现代子弹由弹头、弹装火药、弹壳和底火4部分组成。按子弹弹头击中目标后的状态可以分为实心型、扩张型和粉碎型，而且弹头的形状不一样，击中目标后产生的效果也不一样。

↥ 帕拉贝伦9毫米手枪弹

帕拉贝伦手枪弹

"帕拉贝伦"这个词指的是由德国武器弹药制造公司设计发展的枪弹，其由来是因为该公司的电报地址是柏林市帕拉贝伦。"帕拉贝伦"来自拉丁谚语，意思是："如果想要求得和平，必先准备战争。"

小口径子弹

现代步枪口径比较小，一般都在5～6毫米之间，不同口径的枪械使用的子弹也不一样，其中以小口径子弹使用最多，这因为小口径子弹射出枪口的速度比较快，而且旋转速度高，击中目标后，子弹会在对方体内翻滚，将更多的能量释放出来，对对方造成更大的伤害，其伤害能力接近达姆弹的程度。

↥ 各种口径的子弹

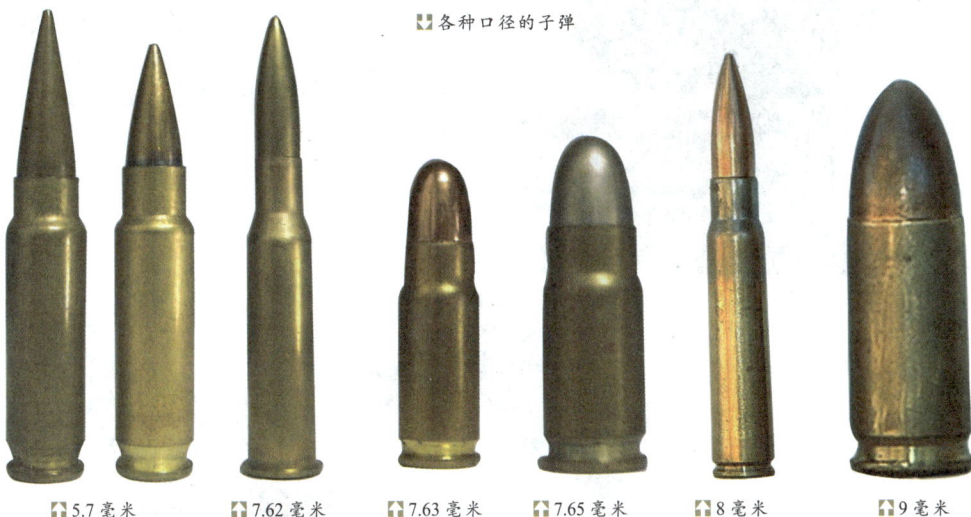

↥ 5.7毫米　　**↥ 7.62毫米**　　**↥ 7.63毫米**　　**↥ 7.65毫米**　　**↥ 8毫米**　　**↥ 9毫米**

达姆弹

达姆弹是由印度达姆兵工厂军方总监克莱上尉设计的，这种子弹由于弹头上的金属外壳被取掉而露出铅芯，在击入人体后铅芯会扩张或者碎裂，对人造成永久性严重伤害。因此，国际上禁止在交战时使用任何达姆弹类型子弹。

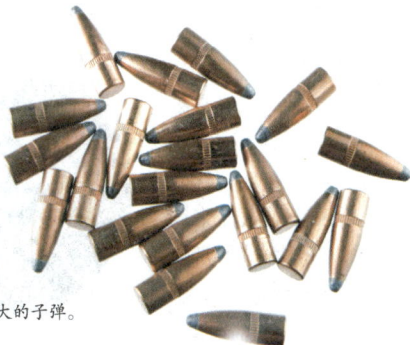

↦ 达姆弹是一种伤害性很大的子弹。

现代枪械载具

现代枪械——尤其是步枪——经常配备有其他一些设备，用来增加枪械的性能，或者扩展枪械的作用。由于装备了这些设备，枪械的性能和作用都得到了很大的提高。

光学瞄准镜

1904年，德国的卡尔·蔡司研制了一种具有实用价值的光学瞄准镜，并在第一次世界大战中使用。发展到现在，瞄准镜主要分为3大类：望远式瞄准镜、准直式瞄准镜和反射式瞄准镜。望远式瞄准镜具有放大作用，适用于远距离精确射击。准直式瞄准镜在射击运动中的目标时反应速度及准确度上明显优于其他瞄具，主要作为近战瞄准具使用。反射式瞄准镜是利用反射镜反射回人眼的光线形成的瞄点来瞄准目标的。

◀ 光学瞄准镜

▶ 激光瞄准霰弹枪

激光瞄准器

激光瞄准器

激光瞄准器是利用激光方向性好的特点而设计的。枪械上安装的激光瞄准器由微型激光器和光学装置组成。激光瞄准器主要依靠从目标身上反射回来的激光来瞄准，所以使用激光瞄准器的枪械的射程不太远。

冲锋枪上的战术灯

战术灯

　　战术灯指专门安装在枪身上使用的电筒，是晚上使用枪械的时候必不可少的工具。战术灯由灯泡、反光杯、筒身、透光镜组成，筒身采用航空铝合金，灯泡是石英卤素灯泡，所发出的光要比普通钨丝灯泡强，而且战术灯生产出来的时候其焦点就已经调好了。但是战术灯不适合于军事行动，因为它会暴露士兵的位置。

C—MAG 弹鼓

夜视仪

　　夜视仪是一种将微弱的电磁波信号转化为可被人接受的信号的仪器。现在使用的夜视仪大多是将目标发出的红外信号转化扩大为可视信号。红外夜视仪是军用夜视仪器，分为主动式和被动式两类。主动式用红外探照灯照射目标，接收反射的红外辐射形成图像；被动式不发射红外线，依靠目标自身的红外辐射形成"热图像"，故又称为"热像仪"。使用红外夜视仪不易被对方发现，所以它是一种安全高效的夜视仪器。

C—MAG 弹鼓

　　C—MAG 弹鼓是美国贝塔（BETA）公司设计生产的一种双鼓形大容量弹匣。这种弹鼓的弹容量很大，可以容纳 100 多发子弹，但是装填枪弹也是很麻烦的事。为此 BETA 公司也为 C-MAG 开发了快速装弹器，把快速装弹器安在弹匣适配器上方，把枪弹从右侧的窗口放进去，压下装弹器上的压杆就可以把枪弹压进弹匣内了。

炸　弹

　　炸弹是一种利用炸药爆炸产生的冲击波摧毁目标的武器,其出现的时间和火药出现的时间差不多。最早的炸弹杀伤力并不大,主要起威慑恐吓的作用。但是随着新式火药的出现,现代炸弹的威力远远超越了自己的"前辈",成为战场上杀伤敌人的主要武器。

炸弹的威力

　　炸弹的杀伤力主要来自于炸药爆炸产生的高温高速气体、冲击波和强光,其中高温气体和冲击波是主要杀伤手段。现在常用的炸药通常是由一些黄色炸药混合制成的,威力比单一的炸药大,这种炸药爆炸时在小于1纳秒的时间将所有的能量释放出来,爆炸中心温度多达三四千摄氏度,炸药爆速大约每秒7千米。

◀ 早期炸弹

手榴弹的特点

　　手榴弹弹体由金属、玻璃、塑料等材料制成,铝或塑料弹体产生的碎片小而轻,杀伤范围小,但杀伤力强。手榴弹的装药可以是各类炸药,也可以是催泪瓦斯、铝热剂等化学制剂。引信是手榴弹不可缺少的装置,杀伤手榴弹大多使用延时引信,有的也使用组合引信。手榴弹的作战距离很短,一般是距投掷者30多米远的地方,有效杀伤半径不超过10米。

◀ 手榴弹产生的爆炸

最早的炸弹

北宋时期是我国历史上一个经济、文化比较繁荣的时期，同时由于种种原因，它也是一个战争频发的特殊时期。出于战争的需要，最初的炸弹就是在北宋时期燃烧性的"霹雳火球"和"霹雳炮"的基础上发展起来的。由于黑火药的威力有限，因此这类炸弹的威力并不大。

◀ 地雷

▶ 水雷

炸弹的发展历程

约在 13 世纪初，金国人学会了制造火器，并发明了铁制炸弹，他们称其为"震天雷"，宋朝人叫它"铁火炮"，威力相当大。元朝时，铁火炮的制作已达到相当高的水平。明代的炸弹种类增多（如铁弹、木弹、石弹、泥弹等），投放方法也大有改进。现在，随着各种烈性炸药和引爆技术的出现，炸弹也越来越多样化。

◀ 电磁炸弹

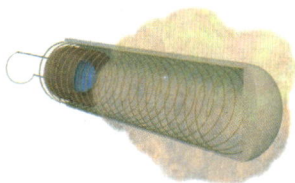

电磁炸弹

每当打雷闪电的时候，我们会发现一些带有天线或金属外壳的电器容易损坏，这是因为闪电的时候会产生强烈的电磁波，一旦天线或金属外壳接收了这些电磁波，与天线连接的电器内的电信号会发生变化，导致电路的电流急剧升高而烧毁电器，电磁炸弹就是以这种方式来达到破坏电子设备的目的的。它产生的电磁波的破坏威力也大得惊人，可以使附近正在工作的电子设备失去作用或者彻底瘫痪。

航空炸弹

航空炸弹是一种从飞行器上投掷的爆炸性武器，是轰炸机和攻击机的主要武器之一。航空炸弹是伴随着军用飞机的产生而出现的，在第一次世界大战中，航空炸弹初露锋芒就引起了各国的关注，随后就成为装备空军的制式武器。

▶ 航空炸弹

手雷和手榴弹

　　手雷和手榴弹相比,具有体积小、重量轻、威力大等优点,但是在投掷方面不如手榴弹投得远。手雷和手榴弹都是近战、夜战的好武器。

手雷

　　手雷也就是无柄手榴弹,它与传统的手榴弹并没有本质上的区别,从理论上讲,手雷在携带上更加方便,适合近战。

◄ 士兵在投掷手榴弹

► 木柄手榴弹

木柄手榴弹

　　67 式木柄手榴弹是 20世纪 60 年代中期研制的,1967 年完成设计定型。它是在 63 式木柄手榴弹基础上改进而成的, 主要是为解决63式木柄手榴弹存在的使用不安全、投掷时早炸和易受潮等严重问题而研制的。

手榴弹

当近距离作战时,手榴弹是一种具有较大杀伤力的武器。早期的手榴弹外形像石榴,又是用手来投掷,所以取名为手榴弹。

⬆ 手榴弹

⬆ 手榴弹

➡ 现代手榴弹的样式小巧,爆炸力巨大。

82-2 式手榴弹

该手榴弹的研制目的是用来取代 77-1 式木柄手榴弹。它的主要特点是结构简单,经济性好,体积小,重量轻。与 67 式木柄手榴弹比较,体积缩小了 58%,重量减少了57%,安全性和可靠性较高。

⬆ 手榴弹

地雷和水雷

地雷和水雷是应用十分广泛的武器,地雷可以埋在地下,在敌人经过时爆炸,起到杀伤作用;水雷是一种布置在水体中的武器,在船只碰撞或经过时爆炸,以炸毁目标,它是一种对舰艇威胁非常大的武器。

地雷的组成

地雷由外壳、炸药、引信、传动或者传感装置组成。将地雷布放在地面或者地下,然后伪装好,当目标出现在地雷场时,就可操纵地雷爆炸,或者由目标自己碰撞地雷引信,引起爆炸。

➡ 士兵在排查地雷

◀ 埋在土里的地雷

威慑力

地雷主要用来构成地雷场,以形成很大的爆炸威力,杀伤敌方的有生力量,或者炸毁敌方的装甲,破坏道路等。

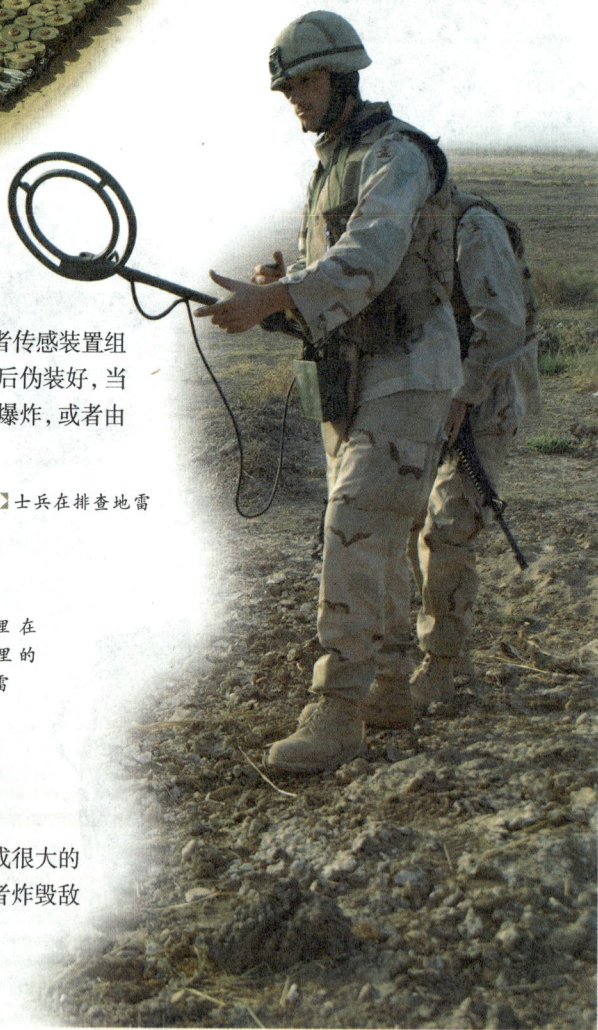

布雷

利用地雷杀伤敌人,最重要的环节是布雷,就是把地雷布设在地雷场中。小范围的布雷可以采用人工布雷或用布雷器布雷,大范围的布雷现在采用火箭、火炮或飞机。

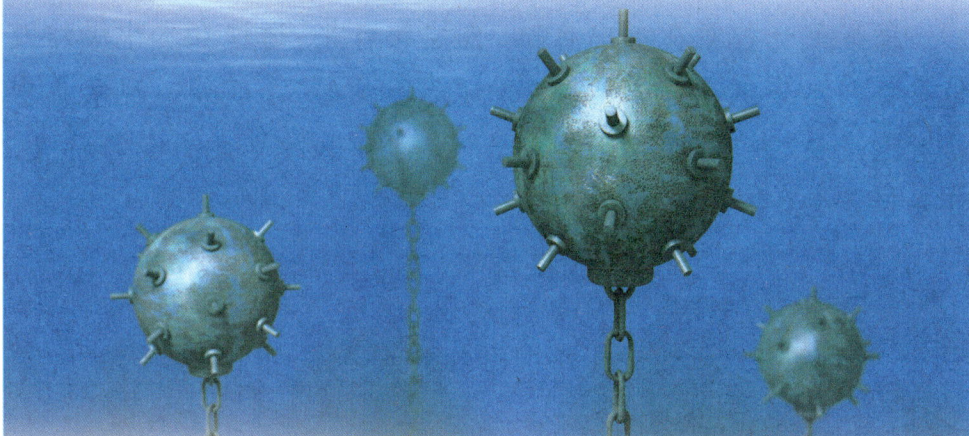

↑ 浮雷

水雷的作用

水雷布设在己方的海域,可以封锁海峡、水道,加强抗登陆防御;布设在敌人海域,可以封锁敌人基地、港口和水道,打击和限制敌舰艇的战术活动,有利于自己舰艇打击敌人。出现最早的水雷是锚雷,依靠与目标接触而引爆。

➡ 水下拆雷训练

水雷的分类

世界上的水雷约有 100多种,就其爆炸原理来说,大体可分为两大类:一类是触发水雷,当舰船触碰时才引起爆炸;另一类是非触发水雷,它们是利用舰船航行时所产生的磁场、声场、水压场等,在一定距离上引起爆炸,对舰艇产生破坏作用。

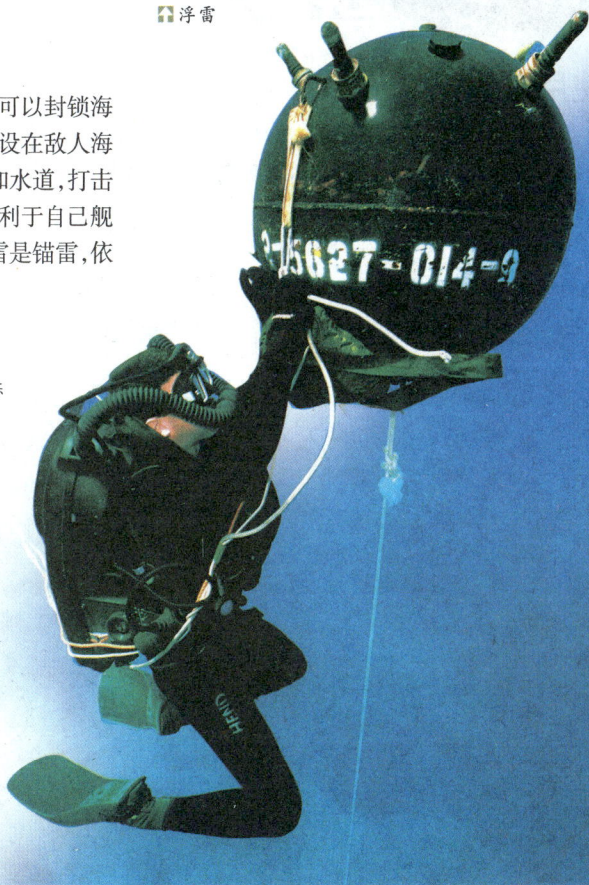

鱼　雷

　　鱼雷是一种能在水中自航、自控和自导,通过在水中爆炸毁伤目标的水中武器,它的攻击目标是各类船只、舰艇。现代鱼雷具有速度快、航程远、隐蔽性好、命中率高和破坏威力大等特点,可以说是"水中导弹"。

"撑杆雷"

　　鱼雷的前身是一种诞生于19世纪初的"撑杆雷",撑杆雷用一根长杆固定在小艇艇艏,海战时小艇冲向敌舰,用撑杆雷撞击炸毁敌舰。现代鱼雷是英国人罗伯特·怀特黑德于1886年研制成功的。

◀ 鱼雷发射管

首次使用鱼雷

　　1887年1月13日,俄国舰艇向60米外的土耳其2 000吨的"因蒂巴赫"号通信船发射鱼雷,将其击沉。这是海战史上第一次用鱼雷击沉敌舰船。在后来的历次战争中,鱼雷已经成为攻击舰艇的主要武器,并屡立战功。

◀ 从战舰上发射的鱼雷

鱼雷的结构

鱼雷雷身形状似柱形,为了避免航行阻力太大,其头部呈半圆形。鱼雷的前部为雷头,装有炸药和引信;中部为雷身,装有导航及控制装置;后部为雷尾,装有发动机和推进器等动力装置。鱼雷的动力系统能源分别为燃气和电力等。

➡ 潜艇发射鱼雷

鱼雷的威力

鱼雷主要用舰船携带,必要时也可以用飞机携带。在港口和狭窄水道两岸,也可以从岸上发射。鱼雷在水中航行的速度为每小时 70 ~ 90 千米。鱼雷的破坏力很大,它在水中爆炸后,主要破坏舰艇的水中部位,使其失去战斗力。

⬆ 鱼雷的威力

航空炸弹

　　航空炸弹是一种从飞行器上投掷的爆炸性武器，是轰炸机和攻击机的主要武器之一。航空炸弹是伴随着军用飞机的产生而出现的，在第一次世界大战中，航空炸弹初露锋芒就引起了各国的关注，随后就成为了装备空军的制式武器。

航空炸弹简史

🔼 早期飞行员用手将炸弹从空中扔向目标。

　　早在1849年，奥地利军队就曾利用热气球向威尼斯城投下炸弹，这可能是世界上首次空投炸弹；1911年，意大利人从飞机上向土耳其军队投掷了炸弹，这是世界上首次飞机实战轰炸；在"一战"中，欧洲各国刚建立起来的航空部队在执行侦察任务的同时，也从飞机上向敌军投掷炸弹。

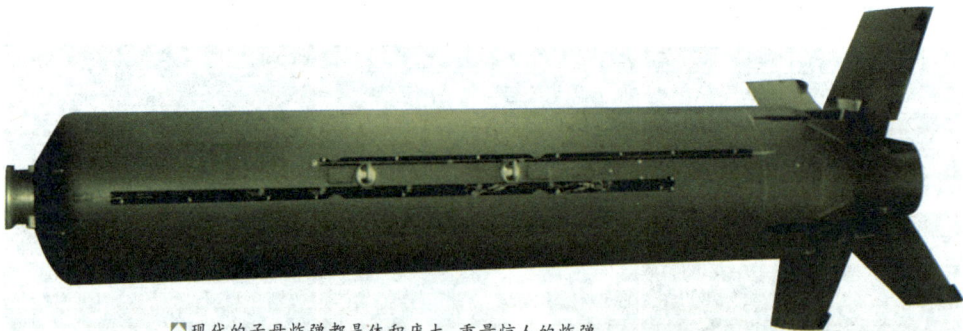

🔼 现代的子母炸弹都是体积庞大、重量惊人的炸弹。

子母炸弹

　　子母炸弹是在"二战"的时候出现的一种航空炸弹。这种炸弹包括母炸弹和子炸弹，母炸弹的作用是将其内装的子炸弹携带到指定区域的上空，然后自身分解释放出大量的子炸弹，子炸弹落到地面以后相继爆炸。

🔼 "二战"时期的大满贯炸弹

集束炸弹

集束炸弹是一种通过把许多小型炸弹装在一起，齐投或连续投掷来扩大杀伤面积、提高杀伤效能的航空炸弹，主要用于攻击集群坦克等装甲战斗车辆以及部队集结地。集束炸弹威力十分巨大，由于集束炸弹杀伤范围广阔，而且遗害无穷，因此有国际组织呼吁不要在人口居住密集的地方使用集束炸弹。

◀ B1-B 轻骑兵投掷集束炸弹

制导航空炸弹

精确制导航弹是一种借助人工或者其他设备指引攻击目标的航空炸弹，其制导方式通常有寻的式、遥控式和复合式。最早的制导航弹是采用无线电制导方式。到了 20 世纪 60 年代以后，制导方式发生了翻天覆地的变化，出现了激光制导、红外制导、电视制导、雷达制导和图像匹配制导。

▲ F-22 投掷制导航空炸弹

未来航空炸弹

由"二战"以后的历次战争看来，具有精确制导技术的航弹命中概率大得惊人，在 10 米范围内的命中概率达到了 90%以上，其威力和作用要比其他航弹高出很多，所以精确制导航弹将成为未来战场上主要使用的航弹。一般将命中概率在 50%以上的制导炸弹称为精确制导炸弹。炸毁同一个目标，在"二战"的时候需要大约 3 000 吨的炸药，在越南战争中需要 300 吨的炸药，而在海湾战争中，只需要两枚精确制导炸弹。

导　弹

导弹是依靠制导系统来控制飞行轨迹的武器，其任务是把炸药弹头或核弹头送到打击目标附近引爆，以摧毁敌方目标。导弹出现于二战末期，在现代，导弹已经成为战争中出奇制胜的法宝，是作战必不可少的武器。

庞大的家族

现在导弹的种类大约有 800 种，形成了一个庞大的"家族"，像地地导弹、空地导弹、地空导弹、空空导弹、反舰导弹、反坦克导弹、弹道导弹和反弹道导弹等都是它的成员。而且随着科技的发展，这个大家庭还会不断发展壮大。

"白杨"M 洲际战略导弹

F—16 发射"小牛"AGM65 空对地导弹

空对地导弹

空对地导弹是由飞行器向地面或者水面目标发射的导弹，装备在各种攻击机上。空对地导弹包括战略空对地导弹、战术空对地导弹、空射反坦克导弹、空潜导弹和空舰导弹。著名空对地导弹有美国的 AGM — 65"小牛"导弹和法国的"飞鱼"空舰导弹等。

弹道导弹

　　弹道导弹是指在火箭发动机推力作用下按预定程序飞行，发动机关闭后按自由抛物体轨迹飞行的导弹。弹道导弹按作战使用分为战略弹道导弹和战术弹道导弹；按射程分为洲际、远程、中程和近程弹道导弹。

▲ 美国"和平卫士"洲际弹道导弹的多弹头重返时的景象(远拍)

MGM−118A"和平卫士"战略弹道导弹

　　美国MGM−118A"和平卫士"战略弹道导弹是美国马丁·马利埃塔公司研制的一种大型固体燃料洲际弹道导弹，代号为MGM−118A，是目前美国最先进的战略导弹之一。该导弹射程为11 100千米，配备MK−21型重返大气层载具，命中精度很高，可以摧毁任何硬目标。

反舰导弹

　　反舰导弹是攻击舰船的导弹，特点是反应时间短、体积小、威力大。现代的反舰导弹最远射程是 500 千米以上。新一代的反舰导弹有美国的"战斧"、俄罗斯的SSN22、法国的SM−39潜射型"飞鱼"、英国的"海鹰"和"海上大鸥"、瑞典的 RBS15 等。

▶ 舰艇发射反舰导弹

穿甲弹

穿甲弹是在与装甲目标的斗争中发展的,主要依靠弹丸的动能穿透装甲而摧毁目标。它的初速度高,直射距离大,射击精度高,是坦克炮和反坦克炮的主要弹种,也配用于舰炮、海岸炮、高射炮和航空机关炮。

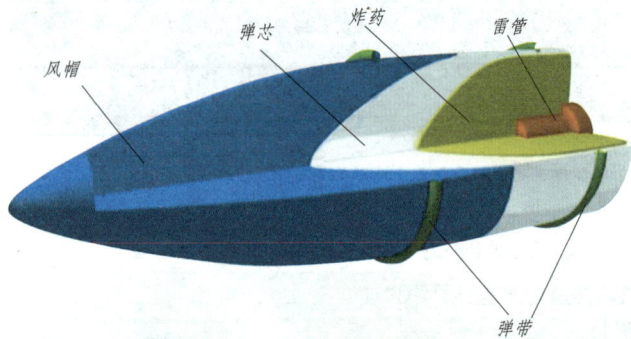

风帽　弹芯　炸药　雷管　弹带

⬆ 穿甲弹示意图

穿甲弹的作用

穿甲弹出现于19世纪60年代,最初主要用来对付覆有装甲的工事和舰艇。第一次世界大战出现坦克以后,穿甲弹在与坦克的斗争中得到迅速发展。用于毁伤坦克、自行火炮、装甲车辆、舰艇、飞机等装甲目标,也可用于破坏坚固防御工事。

⬆ 穿甲弹

穿甲弹的种类

普通穿甲弹一般在弹体内装少量炸药,用来提高穿透装甲后的杀伤和燃烧作用。不装炸药的又称实心穿甲弹,装炸药较多的称半穿甲弹或穿甲爆破弹,装有燃烧剂(燃烧合金)的称穿甲燃烧弹。

被帽穿甲弹

　　早期穿甲弹弹头的外形为简单的尖锥状流线型，但随着射击距离的增加，这种外形并不能保证弹头的射击精度，因此人们给穿甲弹弹头加上风帽，以稳定弹道，这类穿甲弹被称作"被帽穿甲弹"，于"二战"中开始应用，代表者为"虎" I 坦克所使用的 Pzgr. 40 碳化钨芯被帽穿甲弹。

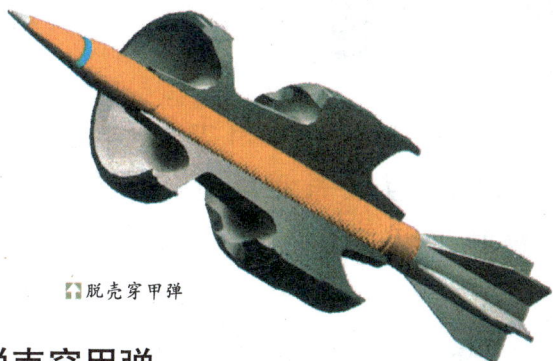
⬆ 脱壳穿甲弹

脱壳穿甲弹

　　脱壳穿甲弹是目前穿甲弹的主要形态。当炮弹发射离开炮管时，外层的套统会迅速与中间的小直径弹头分离，只剩下中央的部分继续前进。这种穿甲弹将能量集中在比传统穿甲弹小的弹头上，提高整体的穿甲能力，以及飞行过程中能量的耗损。

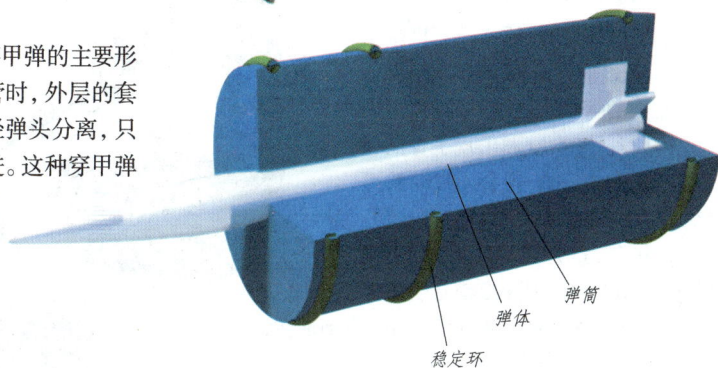

弹筒

弹体

稳定环

⬆ 脱壳穿甲弹示意图

高速穿甲弹

　　高速穿甲弹是将弹芯缩小，用质量较轻的金属包裹弹芯，在射击后，轻金属无法破坏装甲，被挡在装甲外，而弹芯保留了大部分动能，持续前进、贯穿装甲。与传统穿甲弹比较，高速穿甲弹的贯穿力更强。

⬆ 高速穿甲弹

火 炮

　　火炮是一种传统的常规作战武器,广泛应用于各军兵种的作战部队。它的口径在20毫米以上,主要采用发射药作为动力来发射弹丸,并把弹丸从炮管中抛射出去。

火炮的历史

　　炮旧写作"砲",原指投石机械。在13世纪以前,人们发明了利用火药作为推力的管状武器,后来被称为火炮。16世纪中叶,欧洲出现了青铜和熟铁制造的长管炮,代替了以前的短管炮。还采用了牵引车,便于快速行动。1846年,意大利人制成了后装线膛炮,其精度和发射速度都有明显提高,这是火炮结构的一次重大变革,直到现在,火炮的基本结构没有多少改变。

↑火炮(自行火炮)

↳迫击炮

迫击炮

　　它具有弹道弯曲、射速快、威力大、重量轻、体积小、便于机动、结构简单、易于操作、造价低廉等特点,适合步兵在较复杂地形和恶劣气候条件下使用。

自行火炮

　　世界上第一门具有装甲防护的炮塔式自行火炮是由德国人制造的。

↑俄罗斯苏85自行火炮

榴弹炮

榴弹炮是一种身管较短、弹道比较弯曲、适合于打击隐蔽目标和地面目标的野战炮。榴弹炮弹道较弯曲,弹丸的落角很大,几乎沿垂直方向下落,因而弹片可均匀地射向四面八方。

◄ 榴弹炮

加农炮

加农炮是一种身管较长、弹道平直低伸的野战炮。它最早起源于 14 世纪,到 16 世纪时,欧洲人便开始把这种身管较长的火炮称为加农炮。

"战争之神"的美誉

形象地说,火炮就是一种放大了的枪,它靠火药的燃气压力抛射弹丸,口径等于或大于 20 毫米。它是炮兵装备的重要组成部分,素有"战争之神"的美誉,是克敌制胜的重要武器。

◄ 火炮的威力

高射炮

高射炮是用来对付各种低空飞行的飞行器的武器,有时候也可以攻击地面和水面目标,简称高炮。小口径高炮多以弹丸直接命中来击落目标,中、大口径高炮由于受到发射速度的限制,发射的炮弹一般在目标附近引爆,利用炮弹碎片击毁目标。

"气球炮"

1870年9月,普鲁士军队包围了巴黎。为了突围,法国内政部长乘热气球成功穿越了普军的防线,到达了距巴黎200多千米远的都尔城,组织新的作战部队。普军对此很气恼,于是就研制了一种专门对付气球的火炮。当时,这种炮打下来不少气球,因此被称为"气球炮"。"气球炮"算是最原始的高射炮了。

这门高射炮装有防护装甲,口径为50毫米,最大射高为4 200米。

世界上第一门高射炮

20世纪初,飞行器已经由热气球变成了飞艇和飞机,这使飞行器的飞行高度和速度都有了很大提高。德军为了对付飞艇和飞机,组织科技人员研究新的对空火炮。1906年,德国爱哈尔特公司(莱因军火公司前身)对"气球炮"进行改进,设计制造了一门专打飞机和飞艇的专用火炮,这就是世界上第一门高射炮。

牵引式高射炮

高射炮的发展

第一次世界大战中，高射炮上开始装上了简单的瞄准仪器和射击指挥仪。1917 年，德国研制成功一种 20 毫米口径的高射炮，它射速高、操作灵活，能连续射击，为后来的小口径高炮开创了先河。

高射炮的发展给飞机带来了严重的威胁。1918 年 9 月，德国派出 50 架飞机轰炸巴黎，有 49 架被高射炮击落。在第二次世界大战中，高射炮在防空作战中发挥了重要作用。

◄M163 式高射炮因射速高、火力密度大，得了"火神"这个绰号。

现代高射炮

随着防空导弹进入实战，大口径的高射炮慢慢被导弹替代。而小口径高射炮却在低空防御上有着特别的优势，所以现在使用的高射炮大多是不超过 40 毫米口径的高射炮。

◄"二战"期间，德军装备的 88 毫米高射炮以其无与伦比的反坦克能力，被赞为"坦克杀手"。

瑞士"防空卫士"综合防空系统

"防空卫士"系统是由 3 种兵器混合配置而成的综合防空系统，包括两门 35 毫米双管高射炮、两部意大利产"蝮蛇"四联装地空导弹发射架和一部"防空卫士"火控系统。火控系统包括跟踪雷达、搜索雷达、电视跟踪装置、数字式计算机、中央控制台、数据传输装置和电源，它可同时指挥火炮和导弹实施射击，高射炮用来攻击近距离目标，导弹则用于攻击远距离目标。"防空卫士"综合防空系统具有很高的防空效率，代表了未来防空武器发展的方向。

航　炮

　　航炮全称航空机关炮,口径在20毫米以上,是安装在飞机上的一种自动射击武器。1916年,法国首先在飞机上安装了37毫米的航炮,经过两次世界大战的洗礼,航炮得到了迅速发展。

现代航炮

　　现代航炮主要有单管转膛炮、双管转膛炮和多管旋转炮等。所谓转膛炮就是弹膛旋转的火炮。

➡"复仇者"航炮

⬇航炮

航炮的威力

　　由于航炮体积小、重量轻、射速快、弹丸初速高、威力大,很快就成为主要的机载武器,并在第二次世界大战中发挥了重要的作用。

▶战斗机上安装的航炮

空中格斗

　　世界空战史上发生的第一次空中格斗，是1911年那次在墨西哥上空使用7.62毫米手枪进行的空中射击。之后，又发展到20多种不同口径的机枪和机炮，最大已发展到105毫米。在现代条件下，飞机携载的航炮主要用于近距离格斗。

分类

　　航炮按照工作原理分类，有炮管后坐式、导气式、转膛导气式、加特林转管式和链式等。

🔺F15战斗机上的 M61A1 航炮

炮兵部队

　　火炮的威力无论多么大，也要靠人来操作，一个或者一群好射手可以使火炮发挥出尽可能大的威力，甚至改变战局，因此炮兵也被誉为"战争之神"。世界上各国都十分重视培养高素质的炮兵，以适应现代战争的需求。

炮兵的发展

　　早在宋代的时候，军队里就出现了炮手这个兵种，炮手负责把各种爆炸火器投掷向敌人。到了明代，火器得到了大发展，军队里就出现了管理操纵各种火炮的士兵，编制在神机营里。16世纪，英国就有炮兵科监察的官职，负责管理当时的远程打击武器，例如弓、弩和其他一些投掷武器。随着火炮理论和技术的发展，炮兵逐渐成为近代军队里不可缺少的兵种。17世纪以后，西方炮兵制发展得比较快，初步建立起一套从炮兵培养到实战操作的体系。

↥ 炮兵部队

↥ 凡尔登会战的炮兵

凡尔登会战

　　"一战"期间，法德两国进行了一场殊死决战，争夺战略要地凡尔登。在这次会战中，德国动用了上千门各式火炮，法国也动用了差不多数目的各式火炮，就这样，一场以火炮为主要部件的绞肉机启动了。在随后的10个多月里，双方的军队相互发射了约4 000万发炮弹，数十万人死在了这里。

20 世纪炮兵

20 世纪,各种火炮纷纷登上战争舞台。第一次世界大战中,各国都在战场上投入了大量的火炮作战,同时一大批炮兵也在战场上大显身手。而在第二次世界大战中,火炮更是得到了大规模应用,在斯大林格勒战役、库尔斯克会战等著名的大战役中,炮兵都扮演着十分重要的角色,因此斯大林称炮兵为"战争之神"。在 20 世纪,炮兵从以前的辅助地位一跃成为战争中的主要兵种。

⬆ 现代炮兵装载和发射大炮

现代炮兵符号

现代战争是多兵种合成作战,因此为了区别于其他兵种,各不同兵种都有自己的符号。现代炮兵的符号图案一般是各种火炮或者火箭。例如美国野战炮兵的兵种符号为两门交叉的古炮,防空炮兵的兵种符号是在两门交叉的火炮上压一枚导弹。

⬆ 美国防空炮兵的兵种符号

⬆ 英国皇家炮兵的兵种符号

炮　弹

炮弹是供火炮发射的弹药。它是火炮系统完成战斗任务的核心部分。它广泛配用于地炮、高炮、航空机关炮、舰炮、坦克炮等武器,毁伤各种目标,完成各种战斗任务。

炮弹的种类

火炮使用过的炮弹种类非常多。除了发射直接杀伤敌人的炮弹以外,也发射其他的炮弹,例如窃听炮弹、侦察炮弹、电子目标破坏炮弹、强光致盲炮弹、干扰炮弹、诱饵炮弹和反机动特种炮弹。从第一次世界大战到海湾战争,每次战争都会让参战国使用大量的炮弹。现代炮弹的杀伤力主要来自爆炸的威力,所以现代火炮主要使用爆炸式炮弹。

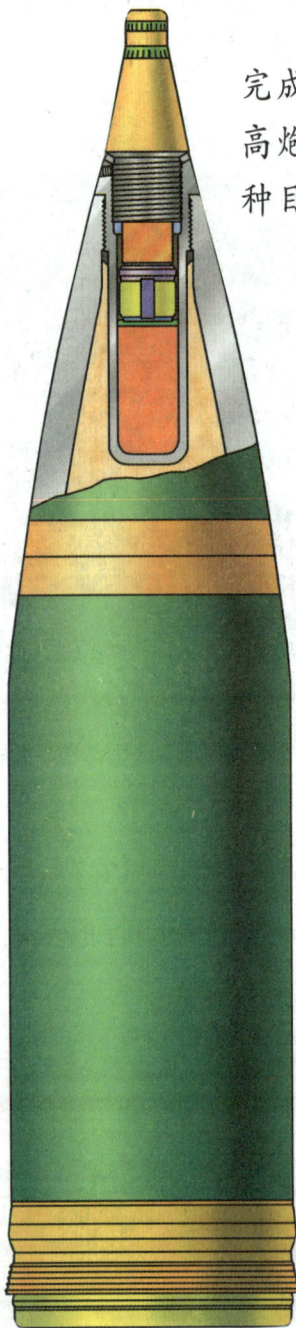

◧ 炮弹结构图

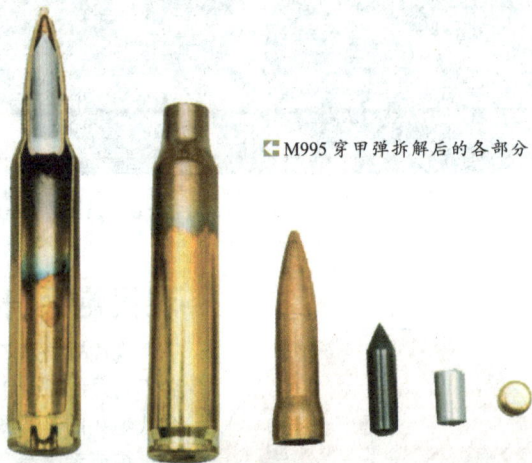

◧ M995 穿甲弹折解后的各部分

炮弹的发射原理

火炮发射的炮弹一般由弹丸和发射装药两部分组成。弹丸是炮弹中起到直接破坏或杀伤作用的部分,有时又叫战斗部,它通常由弹体、引信和炸药等装填物组成。引信是使弹丸在最合适的时机起爆的一种控制装置,它平时处于安全状态,发射后解除保险,遇到目标时引爆战斗部。

🔲 飞向目标的制导炮弹

榴弹

　　榴弹俗称高爆弹,它是利用弹丸爆炸后产生的碎片和冲击波来进行杀伤或爆破的弹种。它是使用时间最长的炮弹,17世纪的时候榴弹就出现了,根据榴弹的结构和"本领"的不同,人们把它分为杀伤弹、爆破弹和杀伤爆破弹3种类型。

火箭弹

　　火箭弹是一种自身配有发动机的炮弹,它利用自身携带的燃料燃烧来产生推力前进。火箭弹的射程一般较远,杀伤范围大,适合攻击集群目标。而且火箭弹也可以密集发射,对大量聚集目标的杀伤能力很强。

🔲 GMLRS 火箭弹

🔲 俄罗斯"红土地"155毫米精确制导炮弹

制导炮弹

　　制导炮弹是具有制导系统的炮弹。制导炮弹主要有激光制导炮弹、光纤制导炮弹和导航卫星制导炮弹。制导炮弹的命中概率要比普通炮弹大很多倍,而它的价格也要比普通炮弹高很多,所以制导炮弹多用于攻击重要目标。

世界著名军校

在和平年代，军校担负着为军队培养高素质军事人才的重任。一个国家能不能在未来战争中取得优势，与军队指挥者的能力直接挂钩。军校的声誉是依靠自己的学生为人类社会的发展作出贡献得来的，所以出色的学生是军校声名远播的唯一途径。

美国陆军军官学校

提到这个名字，你也许会感到陌生，它其实就是著名的西点军校的正式名称。西点军校是美国军队培养陆军初级军官的学校，始建于1802年，位于纽约市北郊的哈得逊河峡谷上"西点"地区，故称其为"西点军校"。自建校以来，西点军校为美军和各国军队培养了大批优秀的军事指挥者，许多美军名将如格兰特、罗伯特·李、艾森豪威尔、巴顿、麦克阿瑟、布莱德利等均是该校的毕业生。

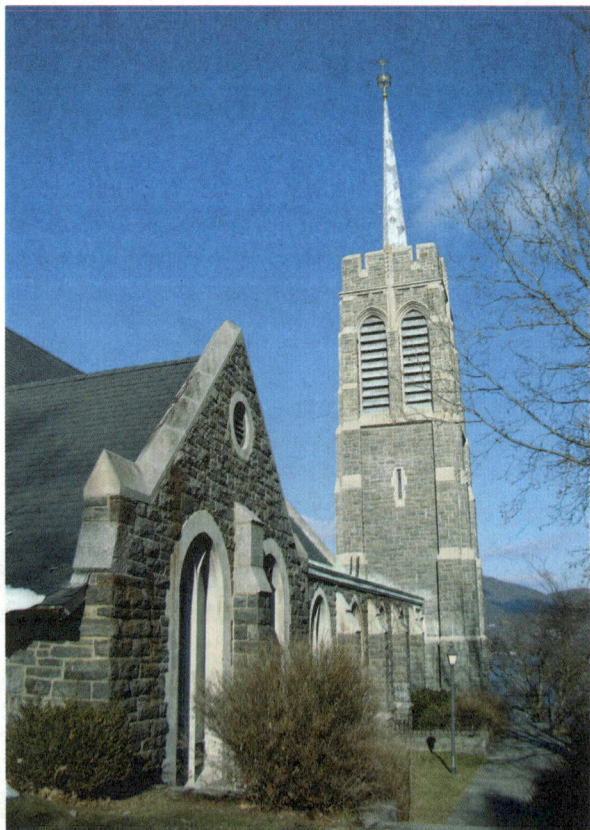

美国陆军军官学校的教堂

美国陆军军官学校校徽

黄埔军校

1924年，在前苏联的帮助下，孙中山领导下的国民党和共产党合作创办了黄埔陆军军官学校。虽然黄埔军校开办时间不长，却为中国革命的发展和世界反法西斯战争培养了很多伟大的军事将领，现在是重点文物保护单位。

↑ 伏龙芝军事学院

伏龙芝军事学院

　　伏龙芝军事学院是前苏联的一所闻名世界的军校。它位于莫斯科，始建于 1918 年，原名工农红军军事学院。由于伏龙芝元帅曾任该学院院长，所以在伏龙芝元帅逝世后，该学院更名为伏龙芝军事学院。伏龙芝军事学院为前苏联等国培养了一批著名的军事将领和大量的优秀指挥员，包括前苏联著名将领朱可夫、崔可夫等人。1998 年，伏龙芝军事学院与其他两所军校合并为"俄联邦武装力量诸兵种合成军事学院"。

英国桑赫斯特皇家军事学院

　　1947 年，英国皇家军事学院和皇家军事大学合并为桑赫斯特皇家军事学院。皇家军事学院成立于 1741 年，专门为皇家炮兵和皇家工兵训练贵族学员。皇家军事大学成立于 1800 年，位于桑赫斯特。历史上，英国军队陆军参谋长多由该校毕业生担任，该校著名学生有：英国前首相丘吉尔、蒙哥马利元帅、罗伯茨元帅和亚历山大元帅等。

↑ 桑赫斯特皇家军事学院

圣西尔军校

　　圣西尔军校创建于 1803 年，位于巴黎西南郊凡尔赛宫附近的圣西尔，故被称为"圣西尔军校"，"二战"后迁移到雷恩市郊外，该校是拿破仑为法军培养指挥官而设立的。在"二战"中，法国被纳粹占领，原来的圣西尔军校被解散。现在的圣西尔军校是法国著名将领戴高乐元帅在伦敦创办的军官训练学校，"二战"后，迁回法国，后来又改名为圣西尔军校。

↑ 圣西尔军校是一所古老而享誉世界的军事学府，拿破仑称其为"将军的苗圃"。

功勋章

　　勋章、奖章、绶带、徽章都是为了表彰某个人的特殊功绩而授予的,在很早的时候就出现了。在现代,各国的功勋章名目繁多,设计巧妙,制作精美。在一些国家里,功勋章样式不同,代表的意义也就不一样,勋章接受者也会随之不同。

▲ 一级解放勋章

中国功勋章

　　我国的勋章有八一勋章和八一奖章、独立自由勋章和独立自由奖章、解放勋章和解放奖章、解放军立功奖章。立功奖章是中国人民解放军授予立功人员的一种证章。凡立一、二、三 等功的个人,分别发给一、二、三等奖章,同时发给相应等级证书。

▲ 前苏联"胜利"勋章

▲ 前苏联"胜利"勋章

前苏联"胜利"勋章

　　前苏联一共设计了89种勋表,勋表就是代表勋章、奖章的证章,其中"胜利"勋章是前苏联军队里的最高勋章之一,仅次于列宁勋章和"十月革命"勋章。"胜利"勋章由多种图案组成,外层是放射着银白光芒的红色五角星,中间的天蓝色圆盘上刻着被橡树枝环绕的克里姆林宫宫墙和列宁墓,俄罗斯人认为橡树象征着坚强和勇敢。此外,勋章上还刻有"苏联"和"胜利"的字样。"胜利"勋章只授予那些为二战作出重大贡献的军事统帅,全世界获得过"胜利"勋章的人只有17个。斯大林、朱可夫、艾森豪威尔、蒙哥马利等军事将领都获得过"胜利"勋章。

在纳粹统治期间，铁十字勋章中心被加上了纳粹的标志图案

德国铁十字勋章

铁十字总会使人联想到德国纳粹政权，而实际上铁十字勋章是普鲁士国王弗雷德里希·威廉三世于1813年设立的，用来表彰那些在对抗拿破仑的战争中立下功劳的人员，只要立下功劳，不管是贵族还是平民，都可以获得铁十字勋章，这使得铁十字勋章成为德国民主的象征。二战后铁十字勋章中心图案是橡树叶。

美国勋章

美国在建国初就有了功勋章，发展到现在，其种类繁多，所代表的意义也各自不同。广为人知的紫心勋章是美国的缔造者华盛顿总统于1782年制定的，由彼埃尔·朗方设计，授予那些在独立战争中负伤军人或者战死的军人的家属。美国军方的最高级勋章是荣誉勋章。

紫心勋章是美国的第一枚勋章，尽管这枚勋章在今天的美国勋章中级别不高，但它标志着勇敢无畏和自我牺牲精神，在美国人心中占有崇高的地位，它还曾经作过邮票的图案。

英国的最高军事奖章——维多利亚十字勋章

荣誉勋章

荣誉勋章是根据1862年的国会法设立的一种美国国家颁发的最高并且最难获得的勋章，勋章只能由总统亲自颁发。获得荣誉勋章的个人享有特殊特权，不仅免除其应履行的军人义务，而且在有空余舱位的情况下，还可以免费乘坐军事空运司令部的飞机，他的子女只要符合规定的条件，可以不受名额限制由美国军事学院录取。

军事体制

在古代,那些在战争中作出贡献的士兵一般都会得到更高的社会地位和封赏;而在现代,为军事作出贡献的军人则可以得到更高的军衔。当代世界,军衔在不同国家里的设置略有不同,但是只要有军队存在,就肯定有军衔制,也有各式军用制服。

军衔体制

现代军衔体制起源于 15 世纪的欧洲。在 15 世纪末的时候,出现了军士、中士军衔;到了 16 世纪中叶,又出现了元帅、将军、少校、大尉、少尉等军衔。西班牙在 15 世纪末出现了海军上将、上校、少校军衔。为了刺激军人们的战斗意志,欧洲各国军队逐步建立起一套官衔的高低与功绩大小直接相关的新型等级制度,从而为平民出身的军人晋升提供了基本的权利和平等的机会。在很多国家,军官的衔阶分为将、校和尉,军衔高低不同,所佩戴的肩章的图案也不一样。

美国海军陆战队不同军衔的肩章

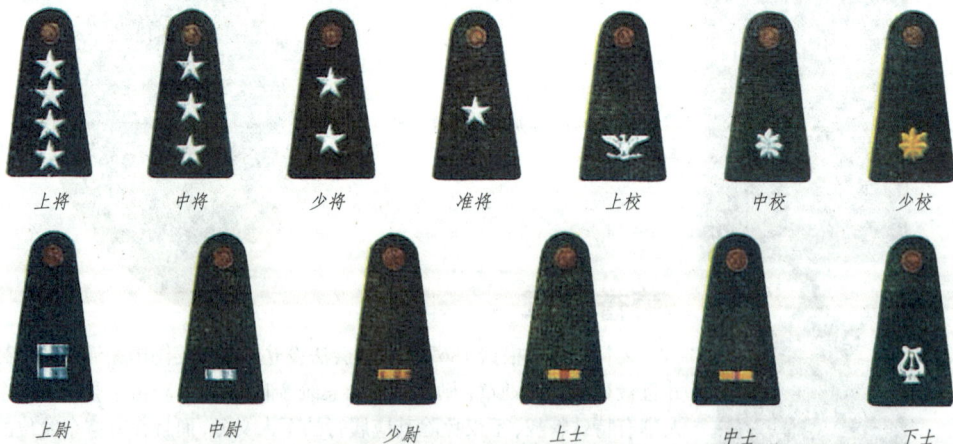

| 上将 | 中将 | 少将 | 准将 | 上校 | 中校 | 少校 |

| 上尉 | 中尉 | 少尉 | 上士 | 中士 | 下士 |

美国的军衔标志

现代兵役制度

　　18世纪末,法国大革命时期,由法国人民组成的法国军队多次击败了由雇佣兵组成的外国干涉军队,这样,义务兵出现了。到了18世纪,义务兵役制度成为各国普遍采取的制度,而那些雇佣兵则成为专业军人,直到现在,义务兵役制度依然是大多数国家的基本兵役制度。现代国家大多是以征兵制与募兵制结合的兵役制度。

↑美国海军军旗

军旗

　　军旗是象征军队或建制部队的旗帜,通常由国家、军队的最高领导人或最高军事领导机关颁发。军旗在正式军队出现以前就存在了,最早的军旗以各种动物或者神话传说动物为图案,现代军旗大多是以各种星徽和代表军种性质的图案构成。

↑美军的军舰旗

↑美国空军军徽

军徽

　　军徽是一个国家武装力量的标志。公世前5世纪,欧洲一些国家的军队中出现装饰有神祉和动物小雕像或刻绘着特殊像案(公牛、猫头鹰和互握的手等)圆盘的矛和杆。同时,还出现了军事首长官员的个人标志。10—13世纪,西欧骑士的盔甲和旗帜上出现了区分骑士的贵族家族纹章,这是纹章主人力量、勇敢、敏捷和机智的象征,之后,军旅中的徽章不断发展,逐渐成为象征军队或建制部队的标志。现代军徽的设计也有所不同,以区分不同兵种。

军事编制

军事组织体制和编制一般由军队领导指挥机关、作战部队、后勤保障部门等组成，另外也包括一些培养军事人才的军事院校和军事科研机构等。军队的编制各国不尽相同，但大都设有司令部、集团军、军、师、旅、团、营、连、排、班等。根据需要，还有方面军、兵团、纵队、分队等编制。

炮兵部队

军兵和军种

按不同作战方式和不同任务职能，军队被分为不同的军种和兵种。军种主要分为陆军、海军和空军，有的国家还设有防空军、火箭军等。在军队内部，根据武器装备的不同、作战任务和作战方式的不同又有兵种的区别。如陆军可以分为步兵、炮兵、装甲兵、通信兵、防化兵等；海军可以分为水面舰艇部队、海军陆战队、海军航空兵等；空军可以分为航空兵、远程航空兵等。

武装力量

武装力量是指国家各种武装组织的总称，包括军队、警察、宪兵、国民警卫队、边防部队、内卫部队、预备役部队、民兵等正规和非正规的武装组织，它是国家或政治集团执行对内对外政策的暴力工具。

空军是现代国防和高技术局部战争中一支重要的战略力量。

美国的军事编制

美国拥有现今世界上最强大的军队及世界上最庞大的核武器库。美国陆军主要编制包括司令部、作战师、旅、装甲骑兵团、防空导弹营、一体化师等。美国陆军的作战师分为3种6类：装甲师、机械化步兵师、轻步兵师、山地师、空降师和空中突击师。其中，装甲师和机械化步兵师为重型装备师，轻步兵师和山地师为轻型装备师，空降师和空中突击师为快速反应师。

现代主力武器

　　第二次世界大战结束后，人类的科学技术取得了巨大的进步，这也极大地带动了武器的发展。在陆战武器中，数坦克、装甲车最为厉害，尤其是坦克拥有"陆战之王"的美誉。在海上，航空母舰、巡洋舰、驱逐舰等舰艇以及各类潜艇都已形成了一个庞大的家族。而各种军用飞机的出现，更是将战场扩展到了空中。

坦　克

　　坦克是在第一次世界大战中出现的一种兵器,它具有强大的防护能力和猛烈的炮火,是现代战场上迅速突击和机动作战的主力兵器,主要用于和对方装甲车辆对抗,也可以摧毁对方各种工事,杀伤人员,压制和消灭反坦克武器。

坦克的分类

　　在不同的时期,人们对坦克的分类也不一样。20 世纪 60 年代以前,人们习惯将坦克按重量分为重型、中型和轻型坦克。20 世纪 60 年代以后,坦克又被分为战斗坦克和特殊坦克。战斗坦克直接担任各种作战任务,包括超轻型坦克、轻型坦克、中型坦克与重型坦克(合称为主战坦克)、超重型坦克、步兵坦克等;而特种坦克担任各种特殊任务,包括水陆坦克、架桥坦克、指挥坦克、侦察坦克、扫雷坦克、喷火坦克、工程坦克、歼击坦克等。

"马克"I 型坦克是人类历史上第一种投入实战的坦克,它的出现在很大程度上影响了第一次世界大战的胜负。

主战坦克

　　主战坦克是战场上执行作战任务的主力,是最早出现的一类坦克,也是人们比较熟悉的一类坦克。在二战中出现的重型坦克拥有较强的装甲和火力,是二战后各国重点研制的坦克。目前世界上最典型的主战坦克有前苏联的 T-72、T-80,美国的 M1A1,德国的"豹"II,英国的"挑战者",日本的 90 式和以色列的"梅卡瓦"等。

美国的 M1A1 主战坦克

步兵坦克

步兵坦克是一种轻型坦克,其装甲防护较好,但行驶速度较慢,主要用于协同步兵作战。"马蒂尔达"步兵坦克是英国在20世纪30年代研制和装备的一种步兵坦克,其造价低廉,和步兵协同作战效果不错,很受士兵欢迎。1942年中期之后,"马蒂尔达"Ⅱ型坦克被改装成其他类型坦克。

"马蒂尔达"Ⅱ型坦克几乎参加了英军在"二战"中的所有主要战斗,被誉为"二战"时期英军的"常青树"。

T28 超重型坦克

T28超重坦克是美国在"二战"期间研制的一种重达95吨的坦克,它的防护能力和火力在当时是极其优秀的,但是行进速度并不快。T28的主要武器是 T5E1 型火炮和105毫米坦克炮,它的坦克炮可以在1 500米外打穿250毫米厚的钢板,设计乘员是8人,自身装甲厚305毫米,辅助武器是一挺5.56毫米口径机关枪。

T28 超重型坦克是"二战"期间美军当时最重型的坦克,厚装甲、强攻击力是其优点,缺点是炮管转动幅度很小。

特种坦克

特种坦克是用于执行特殊任务或装有特殊设备而具有特殊能力的坦克,特种坦克执行的任务通常为侦察、指挥、构筑野战工事、歼击和扫雷,水陆两用坦克也算特种坦克。现役的侦察坦克有美国的M551侦察坦克、英国的"毒蝎"轻型侦察坦克等,扫雷坦克有德国的"野猪"扫雷坦克、美国的XM1060遥控扫雷坦克等。

正在发射火箭弹的 TOS-1 喷火坦克

装甲车

　　装甲车是装有保护装甲的军用车辆总称，一般只能防御轻武器的袭击，对于坦克火炮和反装甲武器的防护能力很低。随着装甲技术的发展，一些优秀的装甲车的防护能力也越来越强了。装甲车有履带式和轮式之分，按功能分为战斗车辆和保障车辆。

步兵战车

　　步兵战车是供步兵运动作战使用的装甲战斗车，由装甲运输车发展而来。它主要用于协同坦克作战，也可以独立执行战斗任务。步兵战车里的步兵既可乘车战斗，也可以下车战斗。世界上著名的步兵战车有：美国的M2A3步兵战车、英国"武士"步兵战车、俄罗斯的BMP-3步兵战车。

▮ 被称为"冷战之子"的BMP-3步兵战车是俄罗斯研制的新一代履带式步兵战车。

▮ 美国的"布雷德利"骑兵战车

装甲侦察车

　　装甲侦察车上装有各种侦察仪器和设备，可以有效地侦察战场情况。它具有很好的机动性、较强的火力和防护能力，主要用于战斗侦察。世界上著名的装甲侦察车有：美国的"布雷德利"骑兵战车、俄罗斯BPM战斗侦察车、南非"大山猫"装甲侦察车等。

装甲运输车

　　装甲运输车主要用于战场上输送步兵，也可输送物资，必要时还可以用于战斗。装甲运输车可分为履带式和轮式，有的装甲运输车在车体两侧开有射击孔，便于步兵乘员战斗。世界上著名的装甲运输车有：美国 M113A3 装甲运输车、俄罗斯 BTR−90 装甲运输车、日本96 式装甲运输车等。

🔽 美国 M113A3
装甲运输车

🔼 M88A1 装甲工程车

装甲工程车

　　装甲工程车又称战斗工程车，是机械化部队作战并对其进行工兵保障的配套车辆，基本任务是设置或清除障碍、开辟通路、抢修军路、构筑掩体及进行战场抢救等。根据不同的战术用途和装甲防护能力，装甲工程车大体可分为重装甲工程车、轻装甲工程车和非装甲工程车 3 类。现役的装甲工程车有美国 M728 战斗工程车 、以色列"开路先锋"装甲工程车、德国"豹"式装甲工程车等。

装甲架桥车

　　装甲架桥车是装有架桥设备的装甲车辆，大多为履带式，通常用于在战斗中快速架设简易桥梁，保障坦克和其他车辆能够通过反坦克壕、沟渠等人工或者天然障碍。这一类装甲车的代表有美国的 M60AVLB、法国的 AMX−30 架桥车等。

🔽 装甲架桥车

军用舰艇

　　海军是一个古老的兵种，由于技术的限制，古代的战船只能在江河湖泊或近海航行战斗。在火器、近代造船技术和蒸汽机发展起来以后，军用舰艇和潜艇开始具有强大的机动能力和战斗力，成为各国必备的军用装备。

近现代军舰发展

　　19 世纪初船用蒸汽机诞生之后，引起了军用舰艇的革命。1806 年，富尔顿设计出世界上第一艘以蒸汽机为动力的军舰"迪莫洛戈斯"号。1849 年，法国建造了世界上第一艘以蒸汽机为主动力装置的战列舰"拿破仑"号。到了 1884 年，英国建造了世界上第一艘用螺旋桨推进的轻型巡洋舰"响尾蛇"号。在第二次工业革命以后，内燃机又成为军用舰艇的动力来源。而始于 20 世纪 40 年代的第三次科技革命又使一部分大型军舰具备了更强大的动力装置——核反应堆。

◄ 海洋上行驶的军舰

现代军舰分类

　　现代军舰按排水量、火力和用途可以分为：航空母舰、驱逐舰、护卫舰、巡洋舰等。巡洋舰排水量一般在万吨以上，主要用于远洋作战，火力最强。驱逐舰的用途比较广，可以全海域、全目标作战，火力较强。护卫舰一般用来近海作战，也有远洋护卫舰，用于编队反潜、防空等防御性任务，火力次于驱逐舰。航空母舰是作为海上飞机降落和补给的军舰，分为轻型航母、大型航母和特大型航母 3 个级别。

"俾斯麦"号战列舰

△ "俾斯麦"号与英军的42艘战舰作战

"俾斯麦"号战列舰是"二战"前纳粹德国研制的一艘超级战列舰。它装载了厚达300毫米的装甲和20多门大口径火炮，威力十足。在"二战"中，"俾斯麦"号战列舰先是击沉了"胡德"号，后又重创"威尔士亲王"号后，让英国人恼怒万分。最终，它在英国42艘各类舰艇4天4夜的围追堵截下被击沉。

"衣阿华"级战列舰

"衣阿华"级战列舰是"二战"期间美国建成的吨位最大的一级战列舰，也是世界上最后一级退出现役的战列舰，主要为航空母舰护航和支援两栖作战。它服役45年，参加过多次战争。该级舰共建造了4艘，分别是"衣阿华"号（BB-61）、"新泽西"号（BB-62）、"密苏里"号（BB-63）和"威斯康星"号（BB-64）。

△ "衣阿华"级战列舰
主炮舷侧一齐开火

△ 在参加完海湾战争后，"衣阿华"级战列舰在1994年退役，成为世界上最后一级退役的战列舰。

航空母舰

　　航空母舰是最庞大的军舰，被誉为"流动的国土"。航母一般编队而行，一个航母舰队包括了几乎所有的军用舰艇。在20世纪发生的战争中，航母作为海军的主力，发挥了无与伦比的作用。

△ "百眼巨人"号的诞生，标志着世界海上力量发生了从制海权到制海与制空权相结合的一次革命性变化。

航母的来历

　　1914年，世界上第一艘可供飞机起飞的航空母舰"柏伽索斯"号诞生。"一战"中，飞机作为新的兵器走上战场，搭载飞机的航空母舰也得到发展。1915年8月12日，一架从航空母舰上起飞的英国战机在达达尼尔海战中击沉了一艘敌国的运输舰。此后，英国的设计师们开始对航母的结构进行了重大修改，终于建成了"百眼巨人"号航母。

"二战"时期的航母

　　航母在"二战"前一直被认为是舰队的辅助力量，它的作战能力没有得到发展。在1940年11月11日，英国海军的20架老式"旗鱼"式双翼鱼雷轰炸机从"光荣"号航母上起飞，击毁了塔兰托港内的3艘意大利战列舰。1941年5月在击沉德国最大的战列舰"俾斯麦"号的海战中，英军的航母与舰载机也发挥了重要作用。

△ "二战"时期美国的"约克城"号航空母舰

现代航母

现代航母分为常规动力航母和核动力航母，常规动力航母一般排水量较小，属于轻型航母和中型航母，而核动力航母大多是大型航母。目前，世界上仍仅有少数国家拥有航母，其中除了美、法以外，其他国家的航母都是常规动力航母，美国是世界上拥有航母数最多的国家。

↑ 现代航母

"无敌"级航空母舰

"无敌"级航空母舰是英皇家海军的常规动力航母，现在有3艘，首舰"无敌"号航母长210米，宽36米，吃水6.5米，排水量20 600吨，航速28节，可搭载27架各式飞机。另外两艘"无敌"级航母分别是"卓越"号和"皇家方舟"号。

← "无敌"级航空母舰

"尼米兹"级航空母舰

"尼米兹"级航空母舰是美国装备的一级核动力航母，其首舰是 CVN68"尼米兹"号，1975 年 5 月开始服役于大西洋舰队。该舰由核反应堆提供动力，更换一次核燃料可连续运行 13 年，可载各型舰载机 90～100 架，编制舰员 5 930 人。"尼米兹"级航空母舰一共有 9 艘，其余 8 艘分别是：CVN69"艾森豪威尔"号、CVN70"文森"号、CVN71"罗斯福"号、CVN72"林肯"号、CVN73"华盛顿"号、CVN74"斯坦尼斯"号、CVN75"杜鲁门"号和 CVN76"里根"号。其中"林肯"号是第一艘排水量超过 10 万吨的大型航空母舰。

巡洋舰

巡洋舰是一种远洋巡航的大型舰艇，用于反舰、反潜和攻击水面舰艇，排水量多在 10 000 吨以上。在航母未诞生之前，可以率领舰艇编队进行远洋巡逻和作战；航母诞生后，巡洋舰既可独立在近海水域作战，也可以作为航母的护卫舰远洋作战。

▲ 世界上第一艘核动力巡洋舰"长滩"号

巡洋舰的发展

早期的巡洋舰以舰炮为主要战斗兵器，它比战列舰轻快敏捷，能有效协助战列舰作战，英国海军名将纳尔逊称其为"舰队之眼"。在"二战"中巡洋舰成为海战中不可缺少的兵器，分为重巡洋舰和轻巡洋舰。在战列舰被淘汰以后，巡洋舰又成为航母编队重要的编组战舰之一。

舰载武器装备

巡洋舰是一种大型水面舰艇，可以长时间巡航在海上，并以机动性为主要特性，拥有较高的航速，巡洋舰拥有同时对付多个作战目标的能力。旧时的巡洋舰是海军主力舰种之一，一般装备有大中口径火炮，拥有一定强度的装甲，是具有较强巡航能力的大型战舰，它可执行海上攻防、护航、掩护登陆、对岸炮击、防空、反潜、警戒、巡逻等任务。现代巡洋舰装备有各种导弹、火炮、鱼雷等武器，有的可携带直升机。

电子干扰设备　海面搜索雷达　火控雷达　火控雷达　相控阵雷达　导弹垂直发射系统　导弹垂直发射系统　鱼雷发射管　导弹发射架　前主炮

▲ 巡洋舰结构图

"提康德罗加"级导弹巡洋舰

"提康德罗加"级导弹巡洋舰是美国海军主要海战武器之一，该级导弹巡洋舰一共有27艘，首舰就是"提康德罗加"号，于1980年1月动工兴建，1981年4月下水，1983年1月正式服役，该级舰前5艘使用2座MK-26-5型双联导弹发射装置。从第六艘"邦克山"号起，该级舰全部装备先进的MK-41型导弹垂直发射系统，该系统可使"宙斯盾"的威力得到充分发挥。两者的有机结合，便构成了一道令人生畏的"空中盾牌"。

↑ "提康德罗加"级导弹巡洋舰

"基洛夫"级巡洋舰

"基洛夫"级巡洋舰是前苏联研制的一级大型核动力巡洋舰，首舰"基洛夫"号于1980年5月开始服役。"基洛夫"号满载排水量约28 000吨，舰员编制900人。其武器系统包括12管RBU-6 000火箭式深水炸弹发射装置；多种导弹发射架，4座6管30毫米炮，以及2座100毫米单管全自动炮，在中部和尾部还有辅助性的武器设备。

↑ "基洛夫"级巡洋舰

护卫舰

护卫舰是以中小口径舰炮、各种导弹、水中武器(鱼雷、水雷、深水炸弹)为主要武器的中型或轻型军舰,主要任务是为舰艇编队担负反潜、护航、近海巡逻、警戒、侦察及登陆支援作战等任务,曾被称为护航舰或护航驱逐舰。

"不惧"级是世界上首批隐形护卫舰之一,是前苏联海军研制的新一代护卫舰。

护卫舰简史

18世纪,欧美一些国家建造了一批排水量小,适合在近海活动的小型舰只,被视为护卫舰的前身。第一次世界大战时,由于德国潜艇肆行海上,于是协约国开始大量建造护卫舰,用于反潜和护航。"二战"期间,德国潜艇故伎重演,于是美、英等国开始建造新的护航驱逐舰,标志着现代护卫舰的诞生。现代护卫舰拥有大型化、导弹化、电子化、指挥自动化等特点。

"佩里"级护卫舰

"佩里"级护卫舰是美国海军中一级性能适中的通用性导弹护卫舰,可以承担防空、反潜、护航和打击水面目标等任务。"佩里"级护卫舰的首舰"奥利弗佩里"于1977年12月建成服役,该舰武器配置较齐全,作战能力较强。除了导弹发射装置、鱼雷发射管、火炮、反潜直升机等外,同时配载有雷达、声呐、通信、电子对抗、作战指挥自动化系统等设备。

"佩里"级护卫舰

现代护卫舰特点

现代护卫舰与驱逐舰的区别并不十分明显，只是前者在吨位，火力，续航能力上稍逊于后者，甚至一些国家的大型护卫舰在这些方面还强于某些驱逐舰，还有的国家已经开始慢慢淘汰护卫舰。现代护卫舰动力装置一般采用柴油或柴油—燃气轮机联合动力装置，部分护卫舰还装备1～2架舰载直升机，可以担负护航、反潜警戒、导弹中继制导等任务。

"公爵"级护卫舰

"公爵"级护卫舰发射导弹

护卫舰发展趋势

鉴于护卫舰在海军舰艇中有着极强的性价比，不少国家现在仍将护卫舰作为海军发展的重点。其中吨位较大的(3 000吨以上)护卫舰依然受到诸多国家青睐，而出于增强作战能力的考虑，未来还可能出现吨位突破7 000吨的超级护卫舰。另外，护卫舰的舰载武器种类增多，武器性能进一步提高，特别是护卫舰的防空武器的性能将会出现质的突破，以及舰上的探测装置，包括雷达、声呐等将有较大的改进与提高等，这些都是目前护卫舰发展的趋势。

法国"拉斐特"级多用途隐身护卫舰采用模块化设计，综合使用了多种隐身技术，是将隐身性能与造型艺术结合得非常完美的典范。

驱逐舰

驱逐舰是现代海军中装备数量最多、用途最广泛的舰艇，是以导弹、鱼雷、舰炮等为主要武器，具有多种作战能力的中型军舰。它具备对空、对海、对潜多种作战能力，可以执行防空、反潜、反舰、对地攻击、护航、侦察等作战任务，有"海战多面手"之称。

驱逐舰的发展

驱逐舰也是一种古老的军舰，19世纪末的时候，出现了"鱼雷艇驱逐舰"。"一战"中，驱逐舰携带鱼雷和水雷，频繁进行舰队警戒、布雷等任务。"二战"后，驱逐舰因其具备多功能性而备受各国海军重视。美国先后造出了第一艘导弹驱逐舰"米切尔"号和世界上第一艘核动力驱逐舰"班布里奇"号。

◀"斯普鲁恩斯"级
驱逐舰

"现代"级驱逐舰

"现代"级驱逐舰是前苏联在20世纪80年代初开始建造的一级驱逐舰，首舰"现代"号于1982年8月开始在前苏联海军中服役。该舰具有隐身设计，可以缩短被敌人探测到的距离。"现代"级的装备主要有反舰导弹和防空导弹、火炮、鱼雷发射管、火箭深水炸弹发射器及诱饵发射器、直升机等。

◀"现代"级驱逐舰

"旅海"级导弹驱逐舰

"旅海"级导弹驱逐舰

　　"旅海"级导弹驱逐舰（051B）是我国第一次建造的5 000吨级以上的、具备远洋作战和隐身能力的导弹驱逐舰。1995年12月开工建造，1998年底下水，1999年1月入役。该级驱逐舰具有对空、对舰和对潜能力，同时可以提供防空预警。

"阿里·伯克"级驱逐舰

"阿里·伯克"级驱逐舰

　　"阿里·伯克"级驱逐舰（DDG-51）是美国最新研制的一级"宙斯盾"导弹驱逐舰。该级舰共计划建造70艘，首舰"阿里·伯克"号于1991年下水，是第一艘装备"宙斯盾"系统并采用隐身设计的驱逐舰。武器装备主要有2座MK41型导弹垂直发射装置、1座MK45型127毫米炮、2座MK15"密集阵"6管20毫米近防炮鱼雷、2座 MK36型6管箔条干扰弹和红外干扰弹发射装置，还有雷达、声呐等系统。

潜　艇

　　潜艇是现代海军最重要的突击兵器,具有隐蔽性好、突击能力强和续航自给力大等特点,既能单独作战,也可与其他舰艇协同作战。它使用鱼雷、水雷、水下导弹等袭击敌人,主要打击敌人海上交通线,保护己方海上交通线,摧毁敌人港口等陆上目标。

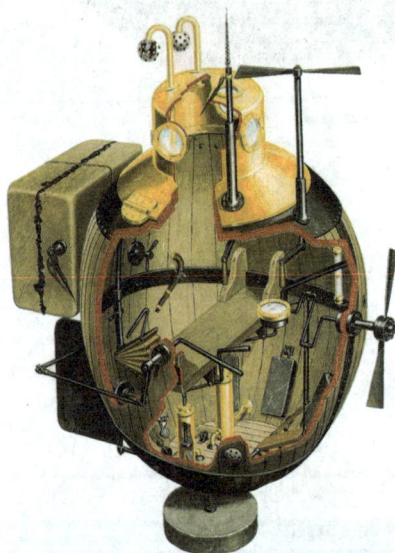

早期探索

　　在北美独立战争时期,埃兹拉·李驾驶着"海龟"潜艇潜到英国战舰"鹰"号的尾部,试图在敌舰上穿孔以便固定一个炸药包。虽然"海龟"艇最终没有完成任务,但是却证明了潜艇是可以进行海战的。电力革命开始后,柴油机取代了蒸汽机,使潜艇的航速提高了很多,潜艇的结构也变得更合理了。

"一战"岁月

　　"一战"前,多个国家建造了大量的潜艇,这些潜艇在后来的第一次世界大战中发挥了重要作用,1914年9月23日,德国海军U9号潜艇连续击沉英国万吨级巡洋舰,使潜艇受到重视。在第一次世界大战期间,各国潜艇共击沉商船5 000余艘,其中大部分是德国潜艇击沉的。

↑ "海龟"号潜艇

↓潜艇发射导弹

◨ "洛杉矶"级核动力攻击潜艇。

"二战"峥嵘

第二次世界大战爆发时，其中美国、前苏联、英国、法国、意大利、日本和德国都组建了庞大的潜艇部队，这些潜艇无论作战性能还是装置上都有很大的进步。在1942—1943年间，德国的U艇在广袤的大西洋上肆无忌惮地猎杀盟军的各种船只，让盟军吃尽了苦头。

◨ U995潜艇是"二战"参战潜艇中唯一完整保存到今天的U艇。

冷战争霸

"二战"后，核动力的使用让潜艇发生了革命性变化，核潜艇的排水量、下潜深度、续航时间、一次航行距离、航行速度和攻击能力都是常规动力潜艇无法相比的，而且核潜艇是"二次核打击"任务的主要承担者。正因为如此，在冷战期间，美、苏双方都生产了几百艘核潜艇，成为对方深感恐惧的撒手锏。现在美国的核潜艇已经发展了四代，威力更是巨大。目前拥有核潜艇的国家有：美国、俄罗斯、中国、英国和法国。

◨ "洛杉矶"级核潜艇

反潜机

　　反潜机是专门用于搜索和攻击潜艇的军用飞机。在二战期间，德国的U艇使盟军蒙受了巨大损失，而且这些潜艇出没无常，水上舰艇难以有效攻击，最后以猎捕潜艇为主要任务的反潜机成为对付潜艇的主要力量。

△ S-3型"北欧海盗"反潜机

S-3型"北欧海盗"反潜机

　　S-3型"北欧海盗"反潜机是美国第一种安装涡扇发动机的舰载反潜机，它速度快、航程远、反潜能力强，能全天候作战，可对潜艇进行持续的搜索、监视和攻击。于1974年进入美国海军服役，已经发展出了4种型号，美国主要使用的是S-3A和S-3B。

P-3"奥利安"海上巡逻反潜机

　　P-3海上巡逻反潜机是一型远程、陆基反潜巡逻机，由美国洛克希德公司制造。目前使用最广泛的是其改进型P-3C海上巡逻反潜机，该机携带先进的磁异探测仪和潜望镜探测雷达、改进型增程回声测距/机载主动接收器系统，可以根据需要携带反舰导弹、各种水雷和鱼雷等。

△ P-3"奥利安"海上巡逻反潜机

⬆ P-8波赛顿海上反潜巡逻机

P-8 波赛顿海上反潜巡逻机

  P-8波赛顿海上巡逻机是美国波音公司设计生产的一种海上巡逻机,主要用途为海上巡逻、侦察和反潜作战。P-8波赛顿海上巡逻机研制初衷是用于取代P-3"猎户座"海上反潜巡逻机,它比后者的螺旋桨动力有更大效能和巡航力。另外,P-8海上巡逻机由2具喷气发动机推动,这也使得它的速度可与战斗机相媲美,其内部的大空间也大大提升了它的武器搭载能力。

伊尔-38"山楂花"反潜机

  伊尔-38"山楂花"是前苏联伊留申设计局以伊尔-18型民航机为基础,研制开发的反潜巡逻机。伊尔-38采用了加长4米的伊尔-18机身,与伊尔-18相比机翼前移。机头下部有大型雷达罩,尾部为磁异探测器。机翼前后的机身下部为前后两个武器舱,可携带声呐浮标和武器。

⬆ 伊尔-38"山楂花"反潜机

核潜艇

核潜艇是核动力潜艇的简称,它采用核反应堆和涡轮机作为主动力。在一些国家的军事思想中,核潜艇是应对核动力航空母舰的最有力武器。与常规潜艇相比,核潜艇具有排水量大、水下航速高、装载武器多、攻击威力大、自给能力强等特点。

核潜艇的分类

核潜艇按照任务与武器装备的不同,可分几类:攻击型核潜艇(以鱼雷为主要武器的核潜艇,用于攻击敌方的水面舰船和水下潜艇)、弹道导弹核潜艇(以弹道导弹为主要武器,也装备有自卫用的鱼雷,用于攻击战略目标)、巡航导弹核潜艇(以巡航导弹为主要武器,用于实施战役、战术攻击)。

➡ "洛杉矶"级核潜艇

➡ "弗吉尼亚"级核潜艇水下发射鱼雷

"洛杉矶"级核潜艇

"洛杉矶"级是美国海军攻击核潜艇的中坚力量。该级首艇"洛杉矶"号1976年11月建成服役;直到1996年3月,该级最后一艘"夏延"号才服役,建造时间长达20多年,共建造62艘。"洛杉矶"级具有全面的反潜、反舰和对陆作战能力,堪称多功能、多用途的潜艇。

"海狼"级攻击核潜艇

"海狼"级攻击核潜艇是美国于 20 世纪 80 年代开始研制的一种多用途攻击核潜艇。该级核潜艇可执行反潜、反舰、对陆、布雷、护航等多种任务，被世人誉为"21 世纪的核潜艇"。"海狼"级核潜艇具有航速快、噪声小、隐蔽性好、武器装备精良等优点。

◀ "海狼"级核潜艇采用水滴形艇体，阻力较小，有利于提高航速。

"俄亥俄"级战略核潜艇

"俄亥俄"级战略核潜艇是美国的第四代弹道导弹核潜艇。该级潜艇最大潜深 300 米，它的艇体中部采用双层壳体，其余占全艇长 60% 的部分采用单壳体，装备了 AN/BQQ5 声呐等 10 余部水声、电子设备，能连续在水下航行几个月不用上浮。由于其性能先进，所携核弹威力惊人，所以世人称其为"当代潜艇之王"。

"俄亥俄"级弹道导弹核潜艇发射三叉戟 I 型导弹

◀ "俄亥俄"级是世界上单艘装载弹道导弹数量最多的核潜艇。它可以携带 24 枚三叉戟 I 型或三叉戟 II 型导弹，其威力足以摧毁一座大城市。

隐身战舰

随着科学技术的发展，在现代武器研发领域，许多设计者都认为隐身是比强大的装甲更为有效的防御手段。空军首先接受了这种思想，从20世纪下半叶开始，多种隐身战机被投入使用。海军紧随其后，隐身战舰也走出设计室，成为最新的海上明星。

"阿利·伯克"级驱逐舰

"阿利·伯克"级导弹驱逐舰是世界上第一艘装备"宙斯盾"系统并全面采用隐形设计的驱逐舰，无论是在远洋还是近海，它都能为航母战斗群和其他舰艇编队护航，为特遣部队与友军的联合作战提供远程保护。

↑ "阿利·伯克"级驱逐舰

"现代"级驱逐舰

"现代"级导弹驱逐舰诞生于美苏冷战的高峰时期，是前苏联非常著名的隐身战舰。它最大的本领是对付水面舰艇。它装备有两座四联装"白蛉"式超音速反舰导弹，可在海面进行超低空飞行，只要一枚命中就可以让一艘8 000吨级的大型战舰沉没或彻底丧失战斗力。

↑ "现代"级驱逐舰

"公爵"级护卫舰

"公爵"级导弹护卫舰是英国海军最先进的护卫舰，也是世界上静音效果最好的护卫舰。它还是世界上最早采用舰体隐身设计的护卫舰，是英国海军 20 世纪 90 年代末至 21 世纪初的主要水面作战舰艇，承担了英国海军的大部分外交和战斗任务。

↑ "公爵"级护卫舰

"不惧"级护卫舰

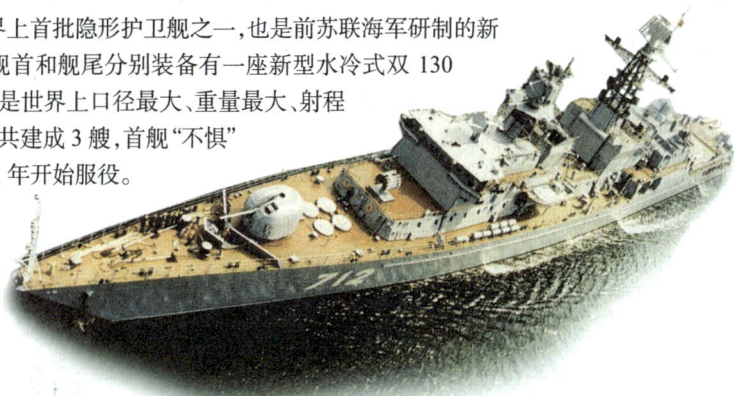

"不惧"级是世界上首批隐形护卫舰之一，也是前苏联海军研制的新一代护卫舰。它的舰首和舰尾分别装备有一座新型水冷式双 130 毫米全自动舰炮，这是世界上口径最大、重量最大、射程最远的舰炮。该级舰共建成 3 艘，首舰"不惧"号 1985 年开工，1991 年开始服役。

↑ "不惧"级护卫舰

↑ "拉斐特"级护卫舰

"拉斐特"级护卫舰

法国"拉斐特"级多用途隐身护卫舰综合使用了多种隐身技术，是军舰将隐身性能与造型艺术完美结合的典范。它的主舰体采用 V 字形，上层建筑呈倾斜 10° 的倒 V 字形，舰上暴露的各个部位大多由倾斜的多面体组成，几乎找不到一个垂直平面。

军用飞机

军用飞机是空军作战的主要兵器。在现代，只有拥有制空权，才能保证主力部队和补给线的安全，因此，空军是一个非常重要的兵种，军用飞机的生产和发展水平也是衡量一个国家空军强弱的标准。

战鹰初现

1903 年，莱特兄弟制造出人类历史上第一架飞机，实现了利用动力飞行的梦想。第一次世界大战期间，双方都用飞机侦察过对方的兵力部署，"一战"末，英国第一次使用飞机投掷炸弹攻击德军。

🔺一战中英军使用的飞机

二战扬威

F6F 是"二战"美国海军的标准舰载战斗机，可与日本飞机在低空玩"猫捉老鼠"的死亡游戏，成功地压制住敌机，取得空中优势。在"二战"众多战斗机中，F6F 创造了一项不可能超过的纪录：在不到两年的时间内，F6F 共击落 5 155 架敌机，占美国海军和海军陆战队飞行员击落敌机的 80%！

🔻F6F 可与日本飞机在 低空玩"猫捉老鼠"的 死亡游戏，是日本飞机的克星。

↑ 美制 F-84 击落俄罗斯米格-15

战后发展

"二战"后,战机以其巨大的威力被各国重点发展,发展最快的就是在"二战"末期出现的喷气式飞机。现代高科技的发展也使空军的战术发生了很大变化,随着导弹和各种电子侦察设备应用到飞机上,近距离格斗战术也逐渐让位于"超视距打击"战术。随着科技的发展,现代的战斗机除了威力更大、速度更快以外,还具备了一定的隐身性能,战机的生存能力也有了很大变化。

↑ 战隼 F-16 战斗机

军用飞机分类

现代军用飞机包括战斗机、侦察机、预警机、轰炸机、直升机、运输机等。"二战"后,作为主力战机的喷气式战斗机发展到四代。第四代战斗机的主要特征是突出的隐身性能、超音速巡航能力、超视距作战能力和适合多种战术用途的能力。

飞机的噩梦

各种飞鸟是飞机的噩梦。1981 年 3 月 2 日,一架载有埃及多位高级将领的直升机在起飞 20 多秒后坠毁,13 位将军级军官在这次事故中丧生,而造成这次悲剧的罪魁祸首则是一只被吸进直升机发动机进气道的小鸟,一只鸟能造成 13 名将军同时遇难,这在世界航空史上也是绝无仅有的。

↗ 被小鸟撞击坠毁的飞机残骸。

军用运输机

军用运输机是用于运送军事人员、武器装备和其他军用物资的飞机。它具有较大的载重量和续航能力,能实施空运、空降和空投,保障地面部队从空中实施快速机动。机上有完善的通信、领航设备,能在昼夜和各种复杂的气象条件下飞行。

🛫20世纪80年代,安−124是当时世界最大的运输机。

运输机的种类

军用运输机按运输能力分为战略运输机和战术运输机。战略运输机主要用来运载部队和重型装备,战术运输机用于在战役战术范围内担负空运、空降和空投任务。

机械设备

军用运输机由机身、动力装置、起落装置、操纵系统、通信设备和领航设备等组成。机身舱门宽阔,有前开、后开和侧开,便于快速装卸大型装备和物资。

🛫C−17运输机卸下大量物资

现代军用运输机

现代军用运输机装有完善的电子系统和导航设备,如气象雷达、航行雷达、多功能全色显示系统、卫星通信导航设备等。

⬆C-130"大力神"运输机机舱可运载92名士兵或64名伞兵或74名担架伤员,以及加油车、155毫米口径重炮及牵引车等重型设备。

"大力神"——C-130 运输机

C-130 运输机是美国最成功、最长寿、生产数量最多的现役运输机,在美国战术空运力量中占核心地位。它能在简易的机场起降,以涡轮螺旋桨发动机为动力。50 多年来,C-130 共生产了近 2 100 架,其中 1/3 以上用于出口,是世界著名的军用运输机。

⬆C-141 运输机

"星"——C-141 运输机

C-141 运输机是世界上第一种完全为货运设计的喷气式运输机。1965 年,它就开始在美军服役,并且运送过美国国家航空航天局的"哈勃"天文望远镜。C-141 的货舱能轻松地装载长达 31 米的大型货物,还可一次运载 208 名全副武装的地面部队士兵,或 168 名携带全套装备的伞兵。

⬆C-141 运输机装载货物

战斗机

  战斗机是军用飞机中装备数量最多、应用最广、发展也最快的机种。在现代战争中,战斗机一马当先,冲锋陷阵,被人们称为"蓝天上的神翼"。世界上公认的第一种战斗机是法国的莫拉纳·索尔尼爱L型飞机。

战斗机的特点

  战斗机又称歼击机,它的机动性好、速度快、空中战斗能力强,其任务是与敌人战斗机进行空战,夺取制空权,拦截敌方轰炸机、攻击机和巡航导弹。"二战"后喷气式战斗机得到了很大发展,成为主要的战斗机。

▲ "一战"时的双翼战斗机

F15 战斗机

  F15战斗机是1965年开始研制的一种超音速制空战斗机,它是世界上最出色的战斗机之一。在美国和以色列服役的F15截至1996年共击落各种飞机96架,而自己却无一被击落,因此受到许多国家空军的青睐。

▲ F15 战斗机

↑ 苏－27 战斗机

苏－27 战斗机

　　苏－27 重型战斗机是非常著名的战斗机，无论是在航展上展示优异性能，还是在实战中与对手一决高下，它都独领风骚。1995 年，美国派出两架 F15 飞机飞往莫斯科郊区库宾卡空军基地与俄空军苏－27 进行技(战)术对抗，结果苏－27 战斗机以 2∶0 获胜。

"台风" EF2000 战斗机

　　EF2000 战斗机是英、德、意及西班牙四国合作研制的新型战斗机。在此之前，由多个国家共同研制的飞机不多，像战斗机这样关系到国家安危的合作项目更是少之又少，因此说 EF2000 开创了军事工业领域的一个新局面。

↑ "台风" EF2000 战斗机

"幻影" 2000 战斗机

　　"幻影" 2000 战斗机是 20 世纪 80 年代研制的多用途战斗机，1984 年开始在法国空军服役，是目前世界上最好、分布最广泛的战斗机之一。"幻影"战斗机的第一代成员"幻影"Ⅲ屡经战火的考验，中东战争和印巴战争的战场上，都出现过它的身影。

↑ "幻影" 2000 战斗机

轰炸机

轰炸机是以攻击敌方陆地或水面目标为主要任务的军用飞机,它航程远,突击威力强,是航空兵实施空中突击的主要机种。轰炸机可以分为战略轰炸机和战术轰炸机。

各司其职

战略轰炸机可以对敌人的战略目标造成毁灭性打击,可以携带核武器轰炸对方。战术轰炸机主要攻击对方的部队和军事工事、设备等,现在一些战斗机也可以执行战术轰炸机的任务。

◀ "伊里亚·穆梅茨"轰炸机堪称第一次世界大战期间大型飞机之最。

B-52 战略轰炸机

B-52 是美国研制的一种重型亚音速战略轰炸机,被誉为"同温层堡垒",从 20 世纪 50 年代末开始服役,目前在役的只有 B-52H,经过多次改进和升级,它可以服役到 2030 年。

🔽 B-52 战略轰炸机

图－160"海盗旗"战略轰炸机

图－160"海盗旗"战略轰炸机是前苏联最后一代、俄罗斯第一代远程战略轰炸机。它于20世纪70年代初开始设计，1981年12月首次试飞，1985年服役，具有速度快、航程远、载弹量大等优点。

⬆ 图－160"海盗旗"战略轰炸机

◀ B－2"幽灵"轰炸机

B－2"幽灵"轰炸机

B－2"幽灵"轰炸机由美国生产，是目前世界上最先进的战略轰炸机，它不仅装有各种先进的设备，而且具有很强的隐身性能。现在服役的是B－2A型隐身轰炸机，每次空中飞行的时间不少于10小时，具有"全球到达"和"全球摧毁"的能力。

幻影Ⅳ战略轰炸机

法国幻影Ⅳ战略轰炸机，可能是现代世界上最小巧的现代战略轰炸机，主要用于携带核弹或核巡航导弹高速突破防守，攻击敌战略目标。

⬆ 幻影Ⅳ战略轰炸机

侦察机

　　侦察机是专门用来从空中获取情报的军用飞机，是现代战争中的主要侦察工具之一，也是最早出现的军用飞机，分为战略侦察机和战术侦察机。。侦察机上的主要设备有航空照相机、图像雷达、摄像仪、红外和电子侦察设备等。

各尽其职

　　战略侦察机一般具有航程远和高空、高速飞行性能，用以获取战略情报；战术侦察机具有低空、高速飞行性能，用以获取战役战术情报，通常用歼击机改装而成。

◀ 1910年6月9日，法国陆军的玛尔科奈大尉和弗坎中尉驾驶着一架"亨利·法尔曼"双翼机进行了一次试验性的侦察飞行。

间谍幽灵 U-2 侦察机

　　U-2侦察机是美国在20世纪50年代研制成功的一种远程高空侦察机，被称为"间谍幽灵"，是当时世界上最先进的侦察机。该飞机全身被涂黑，最大巡航高度达27 430米。U-2侦察机上装有当时最先进的侦察设备，所拍的照片清晰度很高。

◀ 幽灵 U-2 侦察机

"黑鸟"SR-71 侦察机

"黑鸟"SR-71 侦察机是美国高空侦察机,用来代替 U-2 侦察机。它外形奇特,全身黑色,有两个几乎与机身合为一体的三角形翅膀,翅膀中间嵌着两台大功率发动机,最快的速度达到 3 倍音速以上,很难被导弹击落。

▷ "黑鸟"SR-71 侦察机

RC-135"铆钉"侦察机

RC-135 是美国空军最先进的战略电子侦察机之一,被美军视为 21 世纪最重要的三大侦察工具之一。它可以在远离目标国家的地方实施侦察,所以机上没有装备武器。RC-135 侦察机上的红外探测器和前视雷达可以在 360 千米的范围内分辨出 3.7 米长的物体。

▲ RC-135"铆钉"侦察机

RQ-4A "全球鹰"无人侦察机

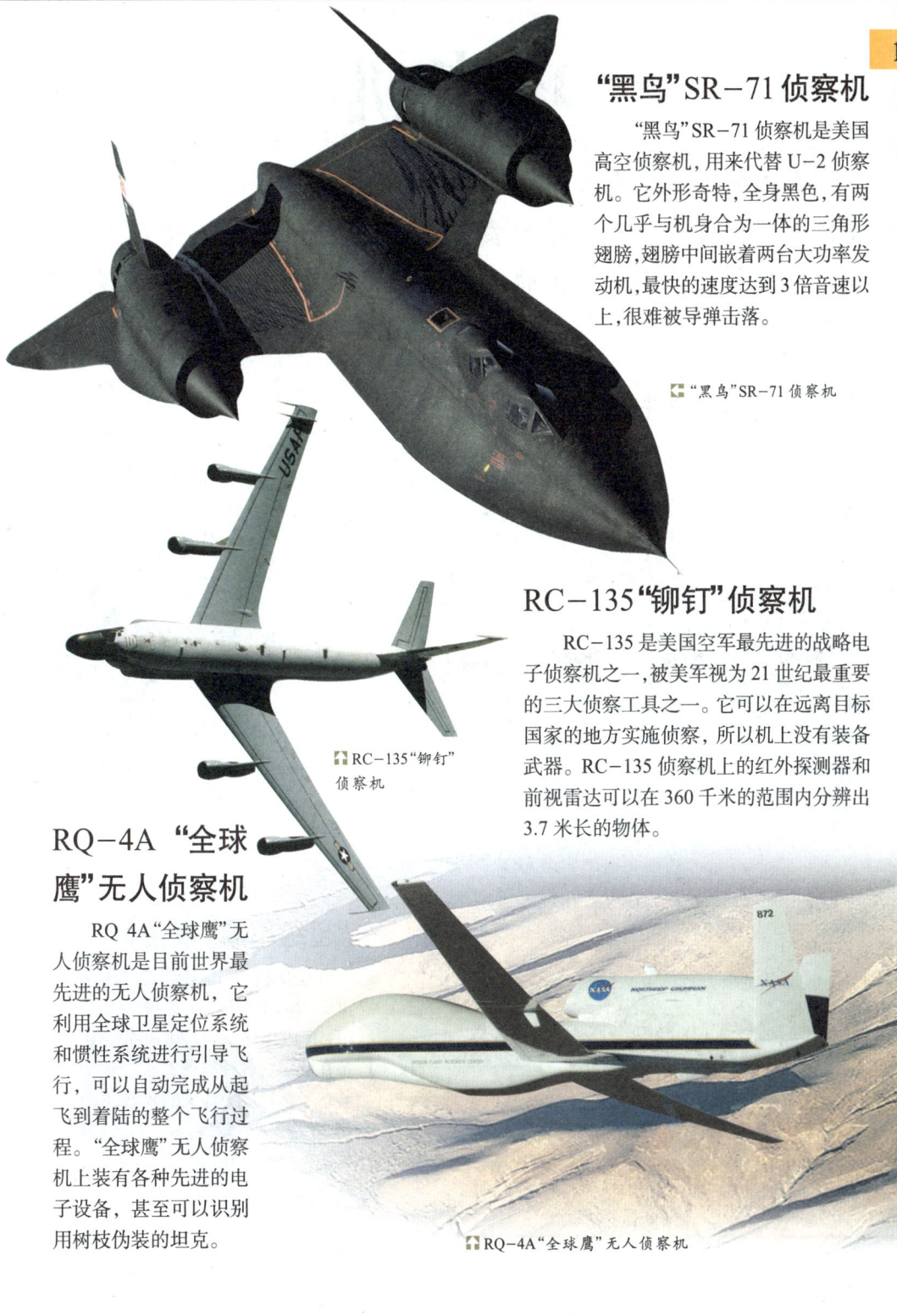

RQ 4A "全球鹰"无人侦察机是目前世界最先进的无人侦察机,它利用全球卫星定位系统和惯性系统进行引导飞行,可以自动完成从起飞到着陆的整个飞行过程。"全球鹰"无人侦察机上装有各种先进的电子设备,甚至可以识别用树枝伪装的坦克。

▲ RQ-4A"全球鹰"无人侦察机

攻击机

　　攻击机又称强击机,是一种专门攻击地面目标的作战飞机。攻击机的机腹有一层厚厚的装甲,用来抵挡地面的炮火袭击。最早的攻击机是德国研制出的一种带有装甲的飞机,取名"容克",用来攻击英法军队。

苏-25"蛙足"攻击机

　　苏-25"蛙足"攻击机由前苏联1968年开始研制,1978年投入批量生产,1980年苏-25A投入阿富汗战场试用。1984年,正式定型的苏-25B装备部队,形成全面作战能力。B型在光学和激光观瞄装置的基础上,加装了红外观瞄装置,具备了夜间作战的能力。

🔺 苏-25"蛙足"攻击机

"超级军旗"攻击机

　　"超级军旗"攻击机是法国于20世纪70年代研制的一种舰载攻击机,于1978年交付法国海军使用,装备在法国的各种航母上。"超级军旗"装备了多种威力强大的武器,包括两门30毫米"德发"机炮,4个火箭发射架,一枚"飞鱼"式反舰导弹等。

🔺 "超军旗"攻击机

↑ AV-8B 垂直起降攻击机

AV-8B 垂直起降攻击机

　　AV-8B垂直起降攻击机是美国与英国联合研制的一种攻击机，是在英国"鹞"式垂直起降战斗机的基础上发展来的，1983年开始服役。AV-8B的机载设备有超高频、甚高频通信电台、全天候着陆接收机等各类先进雷达和电子设备。

A-10"雷电"攻击机

　　A-10"雷电"攻击机的模样看起来并不像它的名字那么凶悍，但它是当今世界上最完美的攻击机之一。A-10是由美国研制的空中支援攻击机，主要用于攻击坦克群和战场上的活动目标及重要火力点。

巨大的威力

　　A-10攻击机全身共有11个挂架，可挂炸弹、火箭弹、导弹等。它的机头下方装有30毫米的7管速射机炮，每分钟可发射400发炮弹，这些炮弹具有特别强的穿甲能力。

↑ A-10"雷电"攻击机

武装直升机

　　武装直升机是装有武器、为执行作战任务而研制的直升机。目前,武装直升机可分为专用型和多用型两大类。武装直升机飞行速度较大,反应灵活,机动性好,能贴地飞行,隐蔽性好,生存力强,机载武器的杀伤威力大,因此得到各国的重视。

武装直升机的出现

　　第一架接近实用的直升机是由美籍俄国人西科斯基研制的 VS-300,它于 1939 年 9 月 14 日试飞成功。在越战期间,美国研制出第一种武装直升机 AH-IG。

↑ VS-300

AH-64 "阿帕奇" 武装直升机

　　AH-64 "阿帕奇" 武装直升机是美国陆军航空兵的主力装备,它装载的武器有 "地狱火" 反装甲导弹、"响尾蛇" 空空导弹、30 毫米链式机关炮等,此外还装备了各种电子设备和夜视系统。在海湾战争中,AH-64 "阿帕奇" 武装直升机发挥了重要作用。

➡ AH-64 "阿帕奇" 武装直升机

▲RAH-66"科曼奇"攻击侦察直升机

RAH-66"科曼奇"攻击侦察直升机

RAH-66"科曼奇"是波音公司为美军研制的下一代攻击侦察直升机,它最突出的优点是采用了直升机中前所未有的全面隐身设计, 机上装的毫米波雷达和夜视设备也提高了其在夜间和恶劣天气下的作战能力。

"虎"式武装直升机

"虎"式武装直升机由法、德联合组建的欧洲直升机公司研制。随着形式的变化,"虎"式武装直升机分成了两个主要型别:火力支援型和反坦克型。

◀"虎"式武装直升机

米-28 武装直升机

米-28 武装直升机是前苏联米里设计局研制的单旋翼带尾桨全天候专用武装直升机,从1980年开始设计,到1992年俄罗斯军队开始少量装备。米-28 武装直升机使用了大量先进技术来增加飞机对炮弹袭击的抵抗能力。

▲米-28武装直升机

预警机和电子战飞机

预警机集指挥、控制、通信和情报于一体，是空军中十分重要的一种军用飞机。电子战飞机可以使敌无线通讯设备失灵，进而难以指挥；亦可使敌方雷达一片雪花，变成"睁眼瞎"，主要用于执行掩护空军编队突防、破坏或歼灭敌防空体系等任务。

预警机机背上背着的大圆盘实际上是一个大型的雷达天线罩，这个天线罩通过支架与机身连接，内装雷达天线和敌我识别天线。天线罩还可通过液压控制升高或降低。

E-2"鹰眼"预警机

E-2"鹰眼"预警机是格鲁门公司为美国海军舰队设计的空中预警飞机，担任空中预警和指挥任务。在E-2预警机背上有一个直径达8米的圆盘状旋转雷达罩，E-2"鹰眼"预警机中的E-2A于1965年正式服役，共生产62架，其中51架改进为E-2B。现在使用的大多是E-2C预警机，它适合在宽阔的地方使用，而且在空中也不能呆太久。

↑ EA-6B"徘徊者"电子战飞机

EA-6B"徘徊者"电子战飞机

EA-6B"徘徊者"电子战飞机具有电子干扰和发射高速反辐射导弹的能力,是唯一能同时在陆地和航母上使用的专用电子战飞机,它的电磁频谱监视能力和主动阻止敌人利用雷达和通信的能力是世界上任何空中平台无可比拟的。EA-6B 于 1971 年 1 月开始交付部队使用,几经改进,其上装载的电子设备总是领先于同时代其他战机。

E-3"望楼"预警机

E-3"望楼"预警机是当今世界最先进的空中预警机,它能在各种地形的上空执行预警任务。E-3 的雷达监视范围达 50 万平方千米,比美国第二大州加利福尼亚州的总面积还要大很多。它身上装的雷达每 10 秒钟就能把它监视的范围扫描一遍,可以同时发现、跟踪 600 个目标。

↑ E-3"望楼"预警机

↓ "望楼"不仅速度快得多,航程也非常远,最大续航时间达 11.5 小时。

EA-18 电子战飞机

EA-18电子战飞机改装自F/A-18F战斗机，因此设计灵活，能够使飞行员执行各种战术任务，既可以从航空母舰甲板起降，也可以从陆地机场起降。EA-18 具有全频段电子监视的能力，能够对敌对威胁的雷达和通信网络进行电子攻击。

➡ 两架 EA-18 电子战飞机

重要作用

随着信息时代的到来，信息战已成为未来战争的主要形态。能否夺取信息权将直接决定着战争的胜败。因此，在未来的信息化战争中，电子战飞机在战争舞台上仍将扮演主要角色。

⬅ EA-18 电子战飞机

武器科技

　　武器科技是指军事领域的科学技术,它包括各种武器装备及其研制、使用和维修保养技术,军事工程,军事系统工程。武器科技的发展是衡量国家军事实力的重要标志之一,是建设武装力量、巩固国防、进行战争和遏制战争的重要物质基础,是决定战争胜负的重要因素之一。随着军事技术的发展,它在战争中显示出越来越重要的作用。

军事技术

军事技术是直接运用于军事领域的技术。军事技术的发展受军事思想和战略、战术的指导,同时也对军事思想、战略、战术乃至军队建设产生重大影响。军事技术是巩固国防、进行战争和遏制战争的重要物质基础,是决定战争胜负的重要因素。

军事技术的重要性

军事技术是军事科学的重要组成部分,主要包括各种武器装备及其研制、生产所涉及的技术基础理论与基础技术;发挥武器装备效能的运用技术以及军事工程和军事系统工程等,武器装备是军事技术的主体。随着科技的发展,军事技术在战争中显示出越来越重要的作用。

⬅ 合成孔径雷达装载于一架飞机的侧面。军用雷达是利用电磁波探测目标的军用电子装备。

现代军事技术的分类

按照武器装备来分类,现代军事技术包括轻武器技术、火炮技术、坦克技术、弹药技术、军用航空技术、舰艇技术、导弹与航天技术、核生化武器技术、军用雷达技术、军用通信技术、电子对抗装备技术以及军队指挥自动化系统技术等;军事技术也可以按应用于不同的军种、兵种领域来区分。

⬆ 在现代战争中,飞机对夺取制空权有重要作用。因此,发展军用飞机技术深受各国重视。

军事技术的发展

中国在历史上对军事技术的发展,曾作出过杰出的贡献。中国的兵器制造技术,筑城、攻城技术,指南针的发明,促进了古代军事技术的发展。在欧洲,随着火枪、火炮的出现,军种和作战方式也相继发生变化。从第二次世界大战末到现在,以核能、电子计算机和航天技术为重要标志的现代科学技术在军事上的应用,使军事技术的发展进入一个崭新的时代,其通常被称为核武器时代。

⬆ 在海上作战的军队,通常由水面舰艇、潜艇、海军航空兵、海军陆战队等兵种及各专业部队组成。

海军技术

海军技术是以舰艇、海军飞机、舰载武器、机载武器及各种技术装备为主体,专业繁多和高度综合的军事技术体系。现代海军技术,尤其是核技术、舰艇与飞机协同技术、精确制导技术、航空航天技术、海洋技术等一系列新型技术群的出现,极大地推动了现代海军武器装备的发展。

瞄准技术

经有人作过统计，如果将武器的爆炸威力提高一倍，武器的杀伤力只提高40%；但如果将命中精度提高一倍，则武器的杀伤力就会提高400%。所以说，瞄准技术的发展在武器的发展史上具有非常重要的作用。

瞄准装置的出现

在19世纪以前，火器上已经有了望远镜式的瞄准装置，它可以在弱光条件下进行瞄准。到了19世纪40年代，美国出现了一种与枪管同样长度的管形瞄准装置，该装置的后半部安装了玻璃透镜，并有两条用于瞄准的十字线。后来，类似的瞄准装置在美国内战中得到应用。

◀ 通过装于 SVD 狙击步枪的 PSO-1 瞄准镜对着远方的眺望。

瞄准镜

瞄准镜的发展

真正具有实用价值的瞄准镜诞生在1904年，由德国人研制，并在第一次世界大战中使用。在第二次世界大战中，瞄准镜开始发展成熟。发展到现在，瞄准镜主要分为望远式瞄准镜、准直式瞄准镜和反射式瞄准镜3大类。

瞄准镜的分类

望远式瞄准镜和反射式瞄准镜最为流行，它们主要在白天使用，因此又被统称为白光瞄准镜。另外还有供夜间瞄准用的夜视瞄准镜，是在上述两类瞄准镜上加上夜视装置。按夜视装置的种类，又可分为微光瞄准镜和红外瞄准镜。

红外瞄准镜

红外瞄准镜

红外瞄准镜分为主动红外和热成像两类。主动红外瞄准镜第一次使射手能够瞄准黑暗中的目标，在 20 世纪 60 年代以前，它是唯一能够穿透夜幕的仪器，在战争中曾经发挥神奇的作用。虽然后来出现了更先进的微光夜视瞄准镜和热成像瞄准镜，但微光瞄准镜不能在全黑的条件下工作。

激光制导

海湾战争中，为炸毁伊拉克的水电站而不毁坏水坝本身，多国部队首先用一枚激光制导"斯拉姆"导弹在电站水泥墙上炸开一个缺口，然后用另一枚导弹从缺口穿过，准确击中电站设备，水坝安然无恙。这一战例说明，采用激光制导的精确制导武器已经具备了现代的"百步穿杨"技术，可以进行"点穴"式的精确打击。

战斗机发射激光制导武器

夜视技术

夜视技术就是应用光电探测和成像器材,将夜间肉眼难以发现的目标转换成可以看见的影像的技术。夜视技术包括微光夜视和红外夜视两方面。军事上,夜视技术主要用于夜间侦察、瞄准、驾驶车辆和其他战场作业。

↑夜视境

微光和红外光

微光是相对于太阳光来说的,如月光、星光等。在夜暗环境中,除了有微光存在外,还有大量的红外光。世界上一切物体每时每刻都在向外发射红外线,所以无论白天黑夜,空间都充满了红外线。但红外线不论强弱,人们都不能看到。

夜视器材

夜视器材就是利用微光和红外线这两个条件,将来自目标的人眼看不见的光(微光或红外光)信号转换成为电信号,然后再把电信号放大,并把电信号转换成人眼可见的光信号。

↑使用夜视镜时看到的影像。

微光夜视仪

微光夜视仪体积小、重量轻，使用起来安全可靠，不易暴露。但它作用距离与观察效果受到气象影响很大，雨、雾天均不能正常工作，如果一点光线都没有则完全失效。

➡ 微光夜视仪

红外夜视仪优缺点

红外夜视仪中的主动式红外夜视仪受环境照明条件的影响较小，观察效果比较好，主要用于近距离侦察与搜索、短射程武器的夜间瞄准和各种车辆的夜间驾驶。但由于红外探照灯发射的红外光束能被对方用仪器探测到，所以容易暴露。

⬆ 红外夜视仪

热成像仪

热成像仪靠接收目标自身发射的红外线成像，所显示的图像实质上反映了目标表面各个部分的温差，因而叫做热成像仪。热成像仪无论白天黑夜都有透过雾、雨、雪进行观察的能力，尤其适合夜间观察。

⬆ 手持式热成像仪操作简单、携带方便。

迷彩技术

一提到迷彩二字，人们首先想到的是作战用的迷彩服，其次是各种装备，如军车、坦克、飞机、大炮等的罩衣和野营帐篷、遮障等。作为作战迷彩服，是在无数战争中不断总结经验而逐步发展起来的。

▲迷彩

首次应用

1914年，法国炮兵首次用画有迷彩图案的帆布单覆盖在大炮上，这就是迷彩最原始的应用。英军根据法军的经验，开始将变形迷彩应用于飞机和舰船上。第一次世界大战后，德国、法国、英国、美国、俄国、意大利等许多国家开始将迷彩军服应用于单兵。

迷彩的分类

迷彩大致可分为保护迷彩、变形迷彩和仿造迷彩。保护迷彩是与背景基本颜色相似的单色迷彩，能降低目标的显著性，用于伪装单调背景上的目标。例如，在夏季草地背景上，目标的保护迷彩应为草绿色；沙漠地背景上，目标的保护迷彩应为土黄色等。

▲穿迷彩服的士兵

变形迷彩

变形迷彩是由形状不规则的几种大斑点所组成的多色迷彩(大斑点可以是单色的,也可由几种颜色的小斑点构成),能歪曲目标外形,用来伪装多色背景上的活动目标,如坦克、汽车、火炮等。据统计,坦克使用变形迷彩后,可使被命中率降低30%。

➡️ 使用了变形迷彩技术的坦克。

仿造迷彩

仿造迷彩是仿制周围背景斑点图案的多色迷彩,能使目标融合于背景中,多用于伪装多色背景上的固定目标,如建筑物;或长时间停留的活动目标,如帐篷和作为固定火力点的坦克等。

⬆️ 迷彩帐篷

数码迷彩技术

数码迷彩斑点彼此交错、并置,具有较强的立体感和凹凸感,能够更为形象准确地模拟自然背景。从近距离看,数码迷彩图案因为与丛林或沙漠等背景中的树叶、碎石或细沙等融为一体,使人很难将其从大"背景"中分辨出来;从远距离上看,数码迷彩图案又能与周围背景空间相混合,从而使航空和侦察卫星难辨真伪。

电子欺骗

电子欺骗，就是采取灵活多样的战术或技术措施，欺骗敌人的电子设备，从而达到迷惑和扰乱敌人的目的。电子欺骗的措施很多，主要分为模拟欺骗、冒充欺骗、诱导欺骗、伴动式欺骗和网络欺骗等。

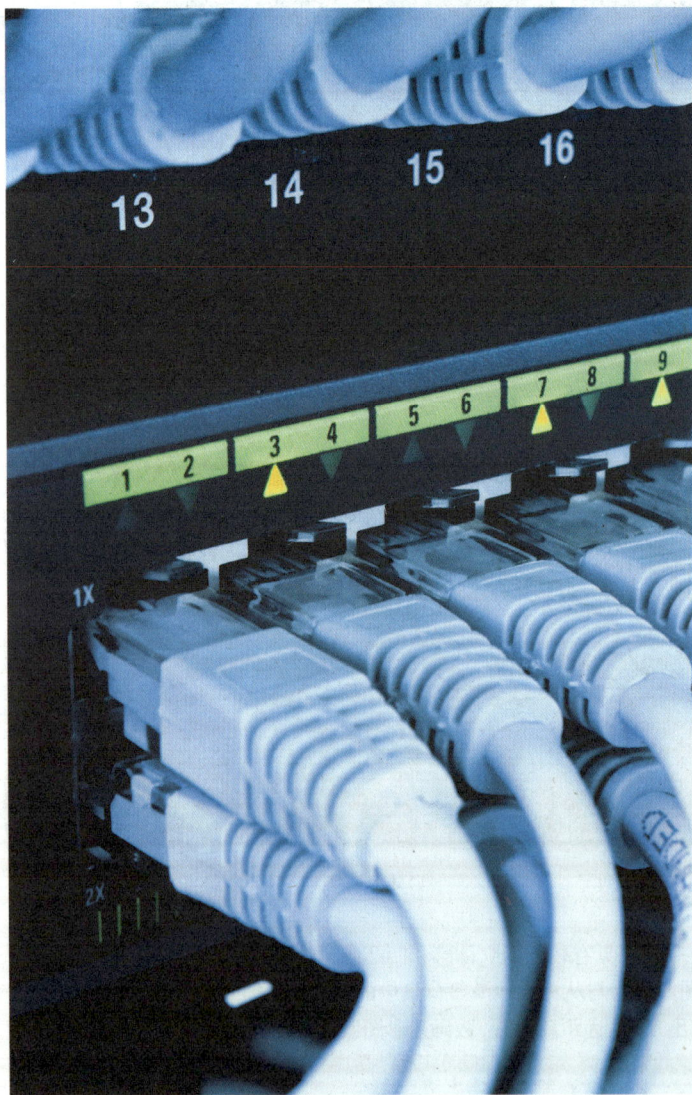

模拟欺骗

模拟欺骗就是用经过专门训练的人员使用电子器材实施电子活动，欺骗敌人使其产生错误认识，采取错误行动。目前大多数电子模拟欺骗的对象主要是敌方的警戒雷达、火控雷达和导弹的制导雷达等。

◀ 各种电子器材是进行电子欺骗的重要工具

冒充欺骗

冒充式欺骗在作战中的应用非常广泛，就是利用己方无线电台冒充敌方电台工作，浑水摸鱼，让敌人真假难辨、上当受骗。例如在伊拉克战争中，美军用无人电子飞机，通过各种频段、格式和电子识别特征，编造假命令，冒充敌方领导人发布信息等。

诱导欺骗

诱导欺骗，就是以手中的电子设备或其他能够吸引敌人的作战兵器为诱饵，通过有意暴露己方作战信息、电子设备的技术参数或兵器配置位置等手段，布设陷阱，诱敌误入歧途。

🔺 旧电话与现代手机

伴动式欺骗

伴动，就是假装的行动。电子伴动，就是利用通信、侦察、光电、水声、计算机等电子器材，有预谋地模仿军事行动，制造假象，蒙蔽敌人。在电子战史上，规模最大的电子伴动行动是"二战"中盟军实施诺曼底登陆前的伴动欺骗行动。

🔺 诺曼底登陆

网络欺骗

如今，随着网络的发达，在这个没有硝烟的战场上，各种以信息为载体，以"黑客"技术和"网络欺骗"技术为手段，干扰、阻塞信息系统的战争即将展开。因此，高质量的网络欺骗技术和手段已经成为网络作战的有力"利器"。

🔺 网络已经成为信息化战争的新战场

隐身技术

雷达和通信设备工作时会发出电磁波，表面会反射电磁波，运转中的发动机和其他发热部件会辐射红外线，这样就很容易被敌人发现。隐身技术就是通过多种途径，设法尽可能降低自己对外来电磁波、光波和红外线反射，从而将自己隐蔽起来的技术。

◼ SR-71 间谍飞机

隐身技术的起源

隐身技术的研究起源于 20 世纪 60 年代的 U-2 和 SR-71 间谍飞机，这些飞机主要靠本身机载电子干扰和对抗设备，或采用投掷金属干扰箔和黑色涂料隐蔽等手段保护自己。现代隐身技术主要包括红外控制技术和雷达波吸收技术等。

▶ U-2 侦察机

现代隐身技术

现代隐身技术是采用独特的外形设计和吸波、透波材料，以降低飞机对雷达波的反射；降低飞机发动机喷气的温度或采取隔热、散热措施，减弱红外辐射。

隐身飞机

美国的 F-117A、B-2、F-22 等隐身飞机代表当今世界隐身兵器的先进水平。在第一次海湾战争中,参战的 44 架 F-117 隐身战斗机先后执行了 1 600 架次空袭任务,本身无一损失,这一辉煌的战绩完全归功于隐身技术和隐身材料的使用。

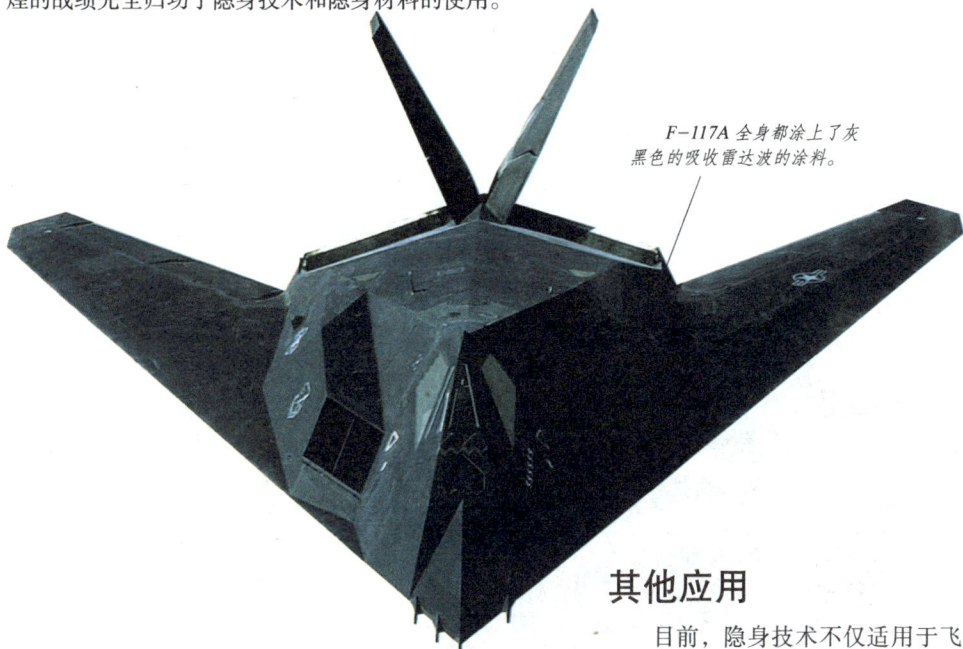

F-117A 全身都涂上了灰黑色的吸收雷达波的涂料。

其他应用

目前,隐身技术不仅适用于飞机,并且扩大到导弹、卫星、坦克、水面和水下舰艇、固定军事设备等方面。如著名的"阿利·伯克"级驱逐舰、"现代"级驱逐舰、"公爵"级护卫舰、"不惧"级护卫舰和"拉斐特"级护卫舰都采用了隐身技术。

积极发展隐身兵器

隐身技术问世以来,前苏联与美国一直在竞相发展隐身飞机。现在,除美、俄外,英、法、德、日和瑞典等国都在积极开发各种新型隐身材料,发展隐身兵器。

"阿利·伯克"级驱逐舰

排爆机器人

排爆机器人是一种在极端危险的环境下工作的机器人。它们经常会和炸弹等一些爆炸性装置打交道，所以这类机器人虽然十分少见，但是地位却非常重要，在关键的时刻，它们也许能制止一场灾难。

排除炸弹

当人群密集的地方发现炸弹时，常常会有拆弹专家来拆除炸弹。但是，这是一个十分危险的任务，如果拆除失败，爆炸的炸弹就会对拆弹专家造成伤害。此时，排爆机器人就可以代替专家来拆除炸弹，减少损失。

◀ 排爆机器人

引爆炸弹

炸弹的引爆通常是由人来控制的，但在某些情况下，引爆的任务会由排爆机器人来完成。比如在开凿隧道的时候，一旦人工引爆失败，这个时候没有爆炸的炸药就变成了危险品，需要用机器人来检查和引爆。

▲ 排爆机器人

翼排爆机器人探测爆炸区

转移危险品

排爆机器人不仅能拆除爆炸物等危险品，它还可以将爆炸物安全地转移到指定地方。有的爆炸物难以拆除，只能引爆，但并不适合就地引爆，于是排爆机器人就会将其转移到车上，然后运送到指定地方引爆。

翼排爆机器人正在转移物品

探测爆炸区

爆炸过程中的变化是一项十分重要的研究课题，在以前，科研人员通常采用摄像机记录的数据研究一种新式炸药的爆炸对周围的影响，但是现在，坚固的机器人可以替代录像机，机器人不仅可以记录爆炸时的影像，还可以记录到周围空气的变化，这样对于研究有很大帮助。

扫除地雷

地雷是一种隐蔽性极强的武器，杀伤力也很强，而扫除地雷也是一件充满危险的工作。此时，我们可以用自动控制的扫雷车来清除地雷，它也是一种机器人。当扫雷机器人探测到可能有地雷的时候，会压上去，引爆地雷，其坚硬的底盘可以保护机器人免受地雷爆炸造成的伤害。

翼机器人正在排除障碍，到达目的地。

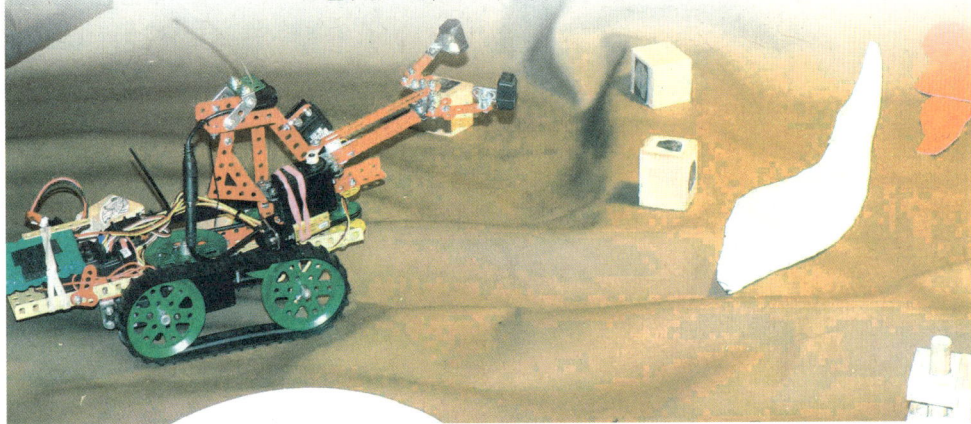

干扰技术

在电子战中，干扰技术应用得相当广泛。它是通过电子干扰设备对敌雷达和无线电通信等系统进行干扰。电子干扰按性质分，有压制性干扰和欺骗性干扰；按产生干扰方法分，有无源干扰和有源干扰。

压制性干扰和欺骗性干扰

压制性干扰，是使敌方电子设备收到的有用信号模糊不清或完全被掩盖，以致不能正常工作的干扰。欺骗性干扰是使敌方电子设备对接收到的信号真假难辨，以至产生错误判断和错误行动的电子干扰。

◀ 干扰波

无源干扰

无源干扰又称消极干扰，它利用反射或吸收电磁波的器材，对敌方电子设备进行扰乱或欺骗干扰。常用的无源干扰器材有干扰物、吸收材料、伪装网等。无源干扰在过去曾单独发挥过重要作用，但现在一般把它作为有源干扰的有益补充。

🔼 无源干扰

↑ EF-111A渡鸦式电子干扰机

干扰机

　　干扰机分为陆基干扰机、舰载干扰机和机载干扰机。陆军对电子战的重视程度相对较弱,舰载电子战装备的根本目的就是实现军舰的自我保护,在整个电子战的投资中,海军占40%左右。机载干扰机分为防区外干扰机,护航干扰机及自保护干扰机3种,这3种干扰系统可用于保护作战飞机。

射频武器

　　射频武器是以波能量打击目标的武器。在未来,由于武器装备的电子化程度越来越高,电子战中的各种干扰手段可能被射频武器取代。如果把现代高科技设备比为瓷器店,其中的电子元件是瓷器,那么,射频武器完全是一头撞进店内的公牛。

↑ 激光武器用高能的激光对远距离的目标进行精确射击或用于防御导弹。

机载雷达

机载雷达被誉"空中鹰眼",是装在飞机上的各种雷达的总称。它主要用于控制包括制导机载武器,实施空中警戒、侦察,保障准确航行和飞行安全等,是现代军用飞机的重要技术装备。

机载雷达

机载雷达的分类

机载雷达按用途可分为:机载火控雷达、空中侦察和地形测绘雷达、气象雷达、多普勒导航雷达、地形跟随和地形回避雷达以及预警雷达等。这些雷达分别安装在相应的飞机上,以发挥其辅助战斗的功能。

机载火控雷达

机载火控雷达包括截击雷达和轰炸雷达。截击雷达通常装在歼击机、歼击轰炸机上,主要用来为发射空空导弹、火箭弹和航炮瞄准等提供目标数据。轰炸雷达主要用于夜间或复杂气象条件下对地(水)面目标进行瞄准轰炸、制导空地导弹,也可用于领航。

歼击轰炸机上的雷达

空中侦察和地形测绘雷达

这种雷达用来提供地(水)面固定目标和移动目标的位置和地形资料。这种雷达具有很高的分辨力，通常是一种侧视雷达，它能昼夜进行空中侦察和测绘地面军事目标、监视战场情况，能有效地识别伪装掩盖物。

机载雷达

地形跟随和地形回避雷达、预警雷达

地形跟随和地形回避雷达用来探测载机前方地形变化、显示地物，提供控制飞行信息，保障飞机低空、超低空飞行安全。预警雷达是预警机的主要电子设备，用于空中警戒和指挥引导，也可用于空中交通管制、紧急事件的空中支援。

雷达预警系统

气象雷达

气象雷达用于观测雷雨区和湍流，探测地形和空中目标，测定载机的偏流角和地速，提供航行所需数据，保障准确航行和飞行安全。通常装在军用运输机、民航机上，是在复杂气象条件和复杂地区航行时，保证飞行安全的重要设备之一。

气象雷达

舰载雷达

　　舰载雷达是装备在舰艇上的各种雷达的总称。它主要用于探测和跟踪海面、空中目标，为武器系统提供目标坐标等数据，引导舰载机飞行和着舰，保障舰艇安全航行和战术机动等。现在，舰载雷达已经向多功能方向发展，以提高雷达的效能。

首次实验

　　1935年，德国在"贝雷"号试验船上首次进行舰载雷达试验，这是一种对海警戒雷达，当时对海上舰船的探测距离仅8千米。

◀ 雷达

最早的实用舰载雷达

　　世界上最早的实用舰载雷达是德国研制的"海上节拍"式对海警戒雷达，它在1936年夏首先装备了"海军上将施佩尔伯爵"号袖珍战列舰等3艘大型军舰。

◀ 军舰上的雷达

第一部舰载对空警戒雷达

第一部舰载对空警戒雷达是于1938年研制成功的 XAF 型雷达，它对飞机的探测距离达137千米，首先装备了"纽约"号战列舰。对空、对海警戒雷达的装备使用，可及早发现敌方飞机和舰船，以保障适时和准确地进行攻击。

⬆ 航海雷达

舰载雷达的分类

舰载雷达按战术用途分为警戒雷达、导弹制导雷达、炮瞄雷达、鱼雷攻击雷达、航海雷达、舰载机引导雷达和着舰雷达等8种类型。

◀ 大黄蜂号航母上的雷达

装备原则

各种舰艇上装备的雷达种类和数量，取决于舰艇的战斗使命、武器装备和吨位大小。通常小型战斗舰艇装1~2部；大、中型战斗舰艇装10多部，有的多达20余部。

应对气象战

　　气象战就是一种环境武器技术，它是对局部天气施加人工影响，以便创造对己方有利、对敌方不利的战争条件，来赢得战争的胜利。人工降水、人工造雾和消雾、人工防雷电、人工影响台风等都是影响气象的常用手段，这些技术也常常作为民用。

人工降雨

　　1966年，美军共出动飞机2.6万架次，在越南上空投放了474万枚降雨催化弹，向云层里倾泻了成吨的碘化银，实施大规模人工降雨，造成越南部分地区洪水泛滥，越军补给线变得泥泞不堪，严重影响了越军的作战行动。

发源

　　在气象战的历史中，有规模地将人工影响局部天气技术用于战场，发源于第一次世界大战。到"二战"时，则有了较大发展。20世纪60年代，美国在佛罗里达州建立了"麦金莱气候实验室"，专门开发气象武器。

人工降雨是气象战中常常利用的手段

⬆战争中，可以利用人工造雾对己方作战提供方便。

人工驱雾和造雾

"二战"期间，美军一些机场常常雾气重重，战机难以起降作战。美军就在跑道上点火驱雾，为作战提供了方便。1943年9月，美国第五集团军用飞机播撒造雾剂，在意大利沃尔图诺河上制造了一条约为5 000米长、1 600米宽的雾层，成功地掩护了部队渡河。

⬆人工暴雨炸弹的底部炸弹结构图

⬆人工暴雨炸弹旁有供滑行的翼炸弹结构图

⬆美国HPM人工暴雨炸弹结构图

苏军的气象武器

1941年6月，纳粹德国突然袭击苏联，为了阻挡德军的疯狂进攻，苏军首次使用了气象武器。当时苏联的科学家利用人工手段增加了降水量，加速了温度下降，并导致冬天提前到来，帮助苏军在莫斯科城下打败了不擅长在严寒中作战的德国侵略军。

气象武器的缺点

气象武器不能区别对待攻击对象、参战人员和平民、交战国和中立国，有时甚至连己方和友军部队的行动也会大受影响。专家认为，在制造卷云或者驱散雾霾及低云时，播撒的细粒落入大气层后，会对人体健康构成危害。

信息战

信息战以信息为武器,打击敌方的信息处理系统和决策者的思维。信息战的战争双方都企图通过控制信息和情报的流动来把握战场主动权,拦截对方信息,制造虚假信息,影响和削弱对方指挥控制能力。同时确保自己的指挥控制系统免遭敌人的破坏。

◀信息控制室

知己知彼,百战不殆

中国古代的兵书《孙子兵法》中说"知己知彼,百战不殆"。意思就是详细准确掌握自身和对方的信息,就可以在战场上立于不败之地。而信息战的根本目的就是掌握敌人的信息,同时给敌人一个假信息迷惑对方。

信息决定作战决策

在海湾战争时期,军事决策者就是利用探测到的对方地形和军事部署信息制订出自己的作战计划,从而将伤亡损失降到最低,从而获得战争胜利。

◀战争中的指挥控制中心

信息战的特征

信息武器主要具有破坏信息系统和影响人的心理两个特点。破坏信息系统是指通过间谍和侦察手段窃取重要的机密信息或者是制造虚假信息。信息武器最重要的威力还在于对人的心理影响和随之对其行为的控制。

⬆ 利用直升机散发传单，传达虚假信息进行心理战。

争夺战场信息控制权

1999 年北约部队对南联盟发动空袭的同时，利用信息战技术破坏无线电传输、电话设施、雷达传输系统等，以瓦解对方的电信基础设施。由于装备落后的南联盟没有完全用电子设备来作战才逃过一劫。

⬅ 信息战是一场没有硝烟的战争

引发恐慌

未来信息战将对非军事目标产生更大的威胁，它和其他形式的战争一样可怕。未来战争可以用计算机兵不血刃、干净利索地破坏敌方的空中交通管制、通讯系统和金融系统，给平民百姓的日常生活造成极大混乱。信息战可以在敌国民众中引起普遍的恐慌，从而达到不战而胜的效果。

侦察卫星

人类的许多科技成果多是优先应用于战争，军事侦察技术也随着时代的前进而不断发展。从"一战"中主要靠侦察兵和望远镜到"二战"中飞机的参与，情报获取手段也多了电讯监听、雷达监测和破译电文。"二战"后，军事侦察卫星闪亮登台。

太空侦察兵

20世纪初期，从900米高度的飞机上，还探测不出散布在地面上的士兵。而现在，侦察卫星在160千米的高空可以分辨出0.3米大小的地面目标，这在侦察卫星出现之前，人们是不敢想象的。

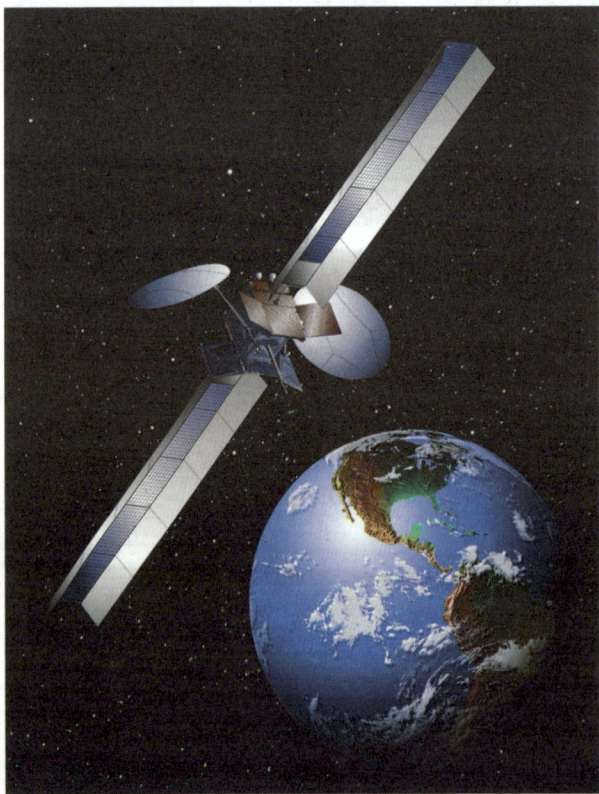

➡ 法国"太阳神"1号照相侦察卫星

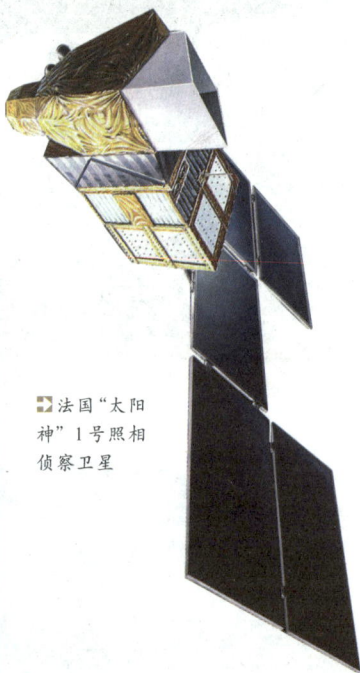

⬅ 侦察卫星

侦察卫星的分类

侦察卫星名目繁多，主要有照相侦察卫星、电子侦察卫星、海洋监视卫星和预警卫星4种。照相侦察卫星利用可见光照相机和电视摄像机对目标进行拍照。

↑ 电子侦察卫星

电子侦察卫星

电子侦察卫星用无线电侦察设备,侦辨雷达和其他无线电设备,窃听遥测和通信等各种无线电频率的电磁信息,然后直接转发回地面或先用磁带记录下来,等卫星转至本国上空时再把这些信息输送到地面站。

海洋监视卫星

海洋监视卫星主要用于探测、跟踪世界各海洋上的舰艇。它们主要通过截获舰艇上的雷达、通信和其他无线电信号或者通过雷达,对海上的舰艇进行监视。

◄ 海洋监视卫星

➡ 1961年7月12日,美国成功发射了"米达斯"3号卫星,这是世界上第一颗真正意义上的预警卫星。

预警卫星

这类侦察卫星主要用于监视和发现敌方来袭的战略导弹,并发出警报。它能延长预警时间,便于地面及时组织战略防御和反击。海湾战争中美国的"爱国者"导弹拦截伊拉克的"飞毛腿"导弹给我们留下了非常深刻的印象,而预警卫星为这精彩的场面立了首功,往往被人们忽略了。

144

导航定位

太空导航就是利用卫星来导航。卫星导航利用卫星对地面、海洋、空中和空间用户进行导航定位的技术。卫星导航系统由导航卫星、地面台站和用户导航设备三大部分组成。

工作原理

卫星导航系统中卫星的位置是已知的，用户利用其导航装置接收卫星发出的无线电导航信号经过处理以后，可以计算出用户相对于导航卫星的几何关系，最后确定出用户的绝对位置(有时还可以确定出运动速度)。

◀ 导航卫星

➡ 全球定位系统GPS

美国的导航卫星

美国于1964年建成世界上第一个卫星导航系统子午仪，1973年起又研制更先进的全球定位系统GPS，并于90年代中期正式组网运营。该系统由24颗卫星组成，可提供用户进行三维的位置和速度确定，定位精度军用为1厘米。

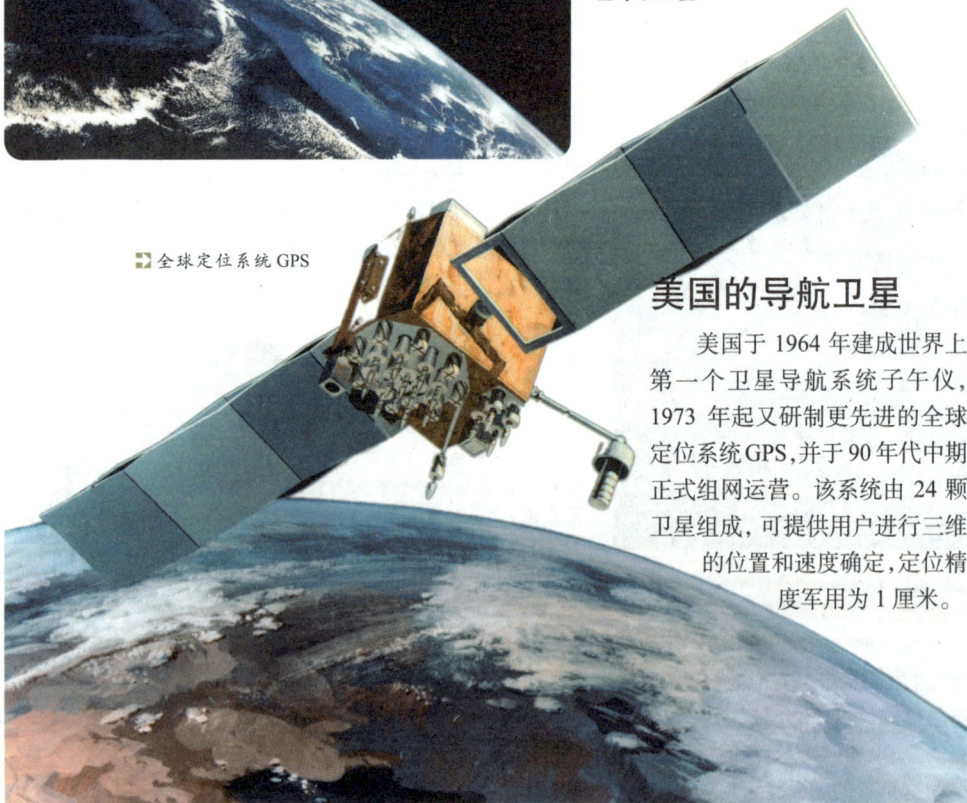

↑俄罗斯全球导航卫星系统

俄罗斯全球导航卫星系统

俄罗斯的"格洛纳斯"系统与美国全球卫星定位系统(GPS)类似,于20世纪70年代由前苏联开发,1993年正式启用后主要用于军事领域,现仍在运行中。

↑欧洲的"伽利略"导航卫星系统

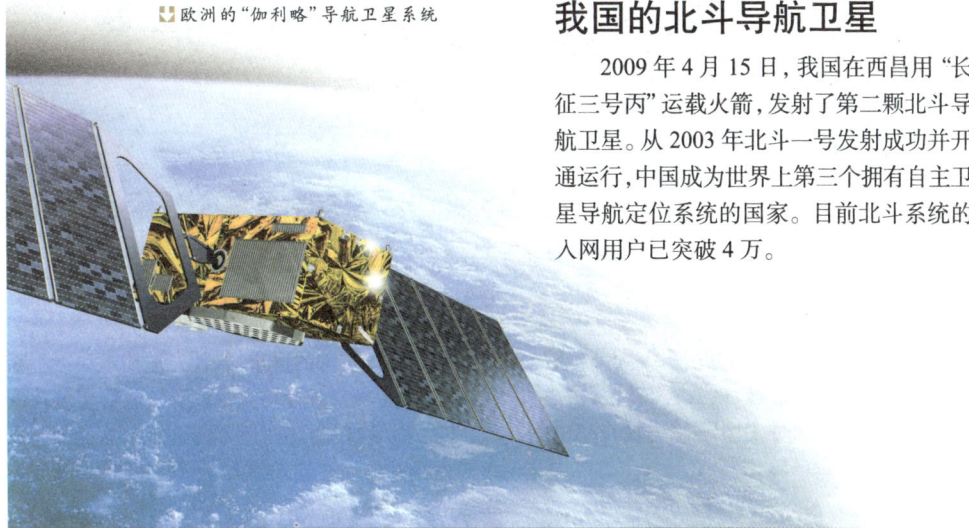

欧盟伽利略导航卫星系统计划

欧盟的"伽利略"计划想打破美国全球定位系统一统天下局面。到2013年,"伽利略"计划基本完成之时,将会有30颗卫星送入太空,轨道高度高于美国卫星,所以,到时"看"得也比美国远,覆盖面积是美国的两倍。

我国的北斗导航卫星

2009年4月15日,我国在西昌用"长征三号丙"运载火箭,发射了第二颗北斗导航卫星。从2003年北斗一号发射成功并开通运行,中国成为世界上第三个拥有自主卫星导航定位系统的国家。目前北斗系统的入网用户已突破4万。

后勤保障系统

　　后勤保障是军队组织实施物资供应、医疗救护、装备维修、交通运输等各项专业勤务保障的总称。俗话说：兵马未动，粮草先行，可见后勤保障是克敌制胜的保障和前提。后勤保障受国家经济、军事实力和作战思想的制约，又在一定程度上制约作战行动。

⬆受伤的士兵被抬上军用医疗救护车

主要任务

　　在平时和作战中，后勤组织调配部队的武器、弹药、油料、给养、被装、药材、营房物资、维修器材等，同时，组织运输力量，并协同有关部门搞好部队输送。

军队战斗力的重要因素

　　随着科学技术的进步，各种先进技术兵器不断出现，给战争带来规模扩大、战场广阔、物资消耗巨大、装备损坏与人员伤亡率提高的特点。因此，战争对后勤的依赖性越来越大，后勤保障越来越成为军队战斗力的重要因素。

卫生防治

后勤组织还组织实施伤病人员的紧急救护、早期治疗和后送，组织部队、分队整顿个人卫生和阵地环境卫生，做好卫生防疫、防护，对军鸽、军犬、军马疾病的防治工作。

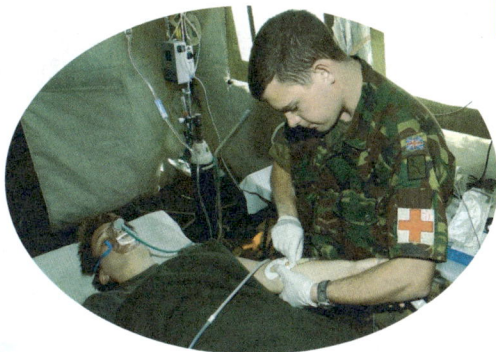

▶ 医疗救助

维修装备

后勤组织指导部队、分队正确使用装备，实施对装备的检测、维护和中小型的修理，组织实施对损坏装备的现场抢修和向后方的运送。对在战斗中缴获的贵重物品的收集、保管和上交工作也都由后勤组织来负责。

◀ 士兵们正在检测和维护装备。

后勤装备

现在，后勤装备发展迅速。演兵场上，炊事挂车、冷藏车、保温车等构成的野战饮食保障装备大显身手；取暖、降温、供电等野战装备配套成龙；野战站台、多用途浮箱、滩涂铺路车等保障装备便捷实用。

▶ 军用卡车

战地流动医院

　　只要有战争就会有伤亡,这是无法避免的,而很多战场上的死亡是由于抢救不及时,造成流血过多和没有医疗手段救治而死亡的。战场流动医院的出现避免了大量的战场死亡,及时挽救了重伤人员的生命。

救护医疗车

　　在第一次世界大战中,救护医疗车就出现了,随后就成为军队中必备的辅助车辆。在现代战争中,救护医疗车既要在前线的枪林弹雨中进行救护,又要随时渡过江河将伤员迅速送到后方,因此救护医疗车就必须具有较好的越野性能和漂浮本领。

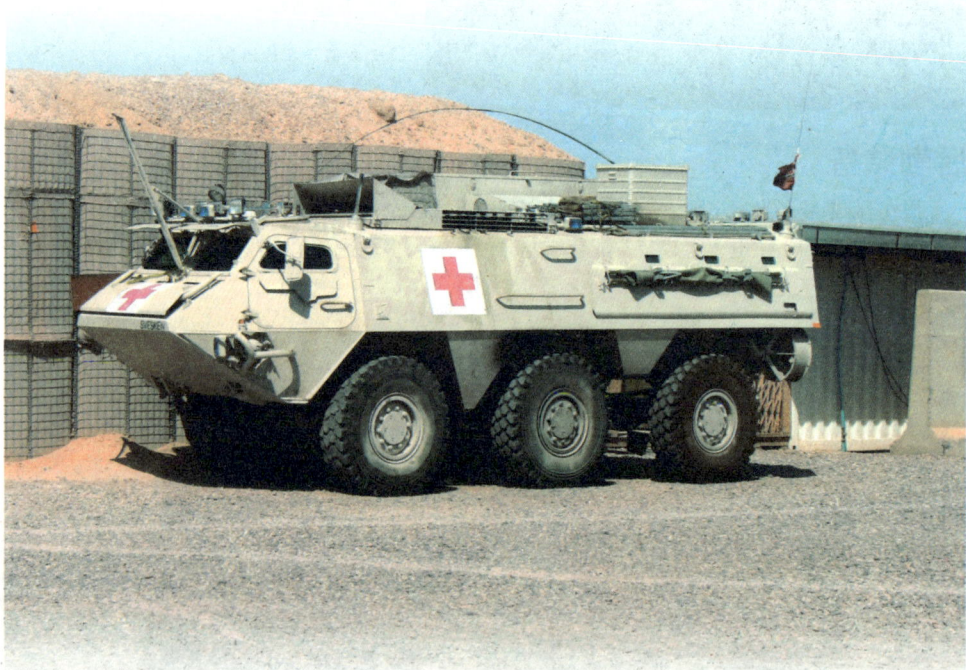

救护医疗车

车内设备

　　救护医疗车内装有输氧、输液工具等急救设备和药品、器械等,并装有联络用的电台,而且救护医疗车的车速很快,在野外奔跑速度可以达到每小时100多千米。有些国家甚至用很多辆救护医疗车组成一个战场流动医院,以使伤员可以及时得到有效的治疗。

医院船

医院船是海上浮动的医院,它的任务是接收从其他卫生船舶或舰艇运送来的伤员,重点收治不宜远程运送的危重伤员,完成早期治疗任务。目前,世界上共有美国、英国、加拿大、日本、中国等少数国家拥有具有远海医疗救护能力的医院船,这些医院船均由民船改装而成。

⬆ 医院船

"仁慈"级和"非洲爱心号"

美国海军有两艘"仁慈"级医院船,主要在南美和东南亚国家定期进行医疗救援活动,并在发生大规模灾害之际提供紧急救援。英国有一艘私人医疗船"非洲爱心号",主要为世界上欠发达地区或战乱地区提供慈善医疗活动。

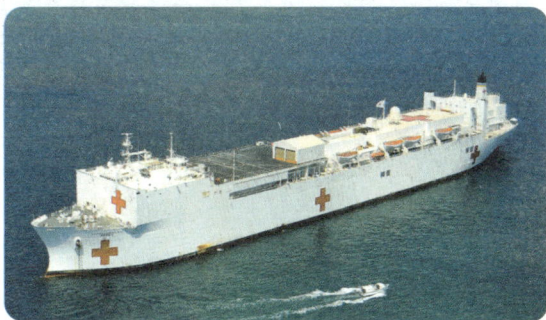
⬆ "仁慈"级医院船

海上医院

"黄蜂"级两栖攻击舰不仅是一艘军舰,而且还是一座大型的"海上医院"。该级舰医用设备齐全,有600张病床、4个主手术室、2个紧急手术室、4个牙科诊所及药房、X线室和血库。

⬆ "黄蜂"级两栖攻击舰

战地流动厨房

随着科技的发展,战争的形式也日新月异。但是任何战争都离不开人,而人必须依靠一日三餐来补充能量。俗话说"人是铁,饭是钢",对于一支军队来说,食物的意义丝毫不亚于武器。

⬆ 现代野外厨房

世界上第一台炊事车

军用炊事车是为野外作战的战士及时提供新鲜食物的一种军用车辆。1853 年,德国巴伐利亚州坎特·兰姆福特先生将炊事用具装载到四轮马车上,这便是炊事车的雏形,但是他的创举并没有被认可。

炊事车的发展

"一战"时期,为作战士兵供应热食的是野战厨房。到了 1930 年,美国人又制造了一辆炊事卡车。1937 年,又一位美国人研制出半拖挂炊事车。不久,德国汉森公司研制出世界上第一辆单轴四轮炊事挂车。

⬅ 炊事车

各国炊事车

在各国现役的炊事车中,著名的有美军的"凯尔新"集装箱野战炊事车,德军的TFK250型野战炊事车,法军的RM－215GCR野战炊事车、日军的1号野战炊事挂车、俄罗斯的КЛ－130型炊事挂车等。

▶ 战地流动厨房

边行进边做饭

为了提高野战条件下的热食保障能力,各国都努力提高炊事车行进间的炊事能力。如日军的炊事车就可以边行进边做饭,德军的大部分炊事车也都有行进间加热能力。此外,俄军的КЛ－130型野战炊事挂车、КЛ－200型履带式炊事车、英军的野战炊事挂车、我军的自行式炊事车都具有行进间加热能力。

▶ 炊事车

▶ 炊事车

方舱式野战厨房

方舱式野战厨房是以国际标准集装箱为基础,将所用的炊事装备科学地安置在集装箱内,并根据需要进行一定的改造而成的。它具有机动灵活、展开方便,而且工作环境好的特点。

未来新式武器

　　随着科学技术的发展,以前武器的"天敌"纷纷出现,为了应对未来战争,军事科技者们提出了一些完全不同于以往的新概念武器,这些武器有的已经出现了,有的则还在研究中。

激光武器

　　激光武器没有后坐力、不产生污染、命中率极高,因而成为发达国家研制中的重点武器。激光武器主要将用于对付高速小型目标,同时还将广泛用于破坏敌方光学系统和摧毁红外制导系统,另外利用卫星可以有选择地用激光束击中任何人和目标。

➡️ 激光武器

⬅️ 美军展示的战术高能激光器——激光发射控制器

纳米武器

　　利用纳米技术可以制造很多微型武器,而这些武器是用肉眼看不见的,例如各式各样的袖珍侦察机、战斗机等武器。所有这些纳米武器组配起来,就建成了一支独具一格的"微型军团"。

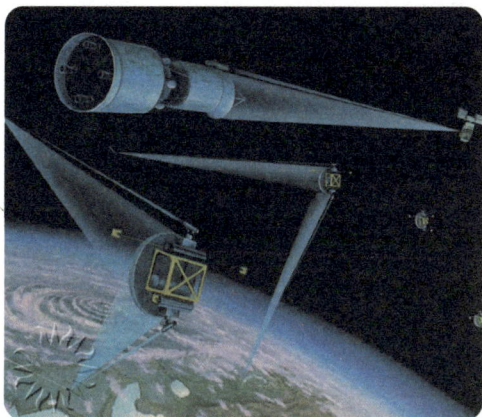

粒子束武器

粒子束武器就是利用微观粒子构成的定向能量束来摧毁目标的武器。这主要由高能电源、粒子产生装置、加速器和电磁透镜组成。它具有快速、高能、灵活、干净和全天候的特点，可在极短时间内命中目标，适合于对付远距离飞行的洲际弹道导弹。

◀ 粒子束武器

气象武器

气象武器可以影响一个敌对国家或者地区的气象条件，使敌对国家遭受水灾、飓风、雹灾、旱灾和地震，给对方造成极其严重的损失，以削弱敌国的战斗能力。

◀ 冰雹灾害　　　　　　　　　　▲ 水灾

太阳武器

利用大型聚焦镜片在太空中将太阳光聚焦，其热源中心温度可达数千摄氏度，可以毁灭地球上的一切，因此利用聚焦太阳光的方法也能杀伤敌方人员和摧毁设施，太阳武器可能在未来走上战场。

少儿百科探秘
SHAOER BAIKE TANMI

武器和科技

WUQI HE KEJI